四季家常菜

秋画图文工作室／编著

U0394864

SPM 南方出版传媒 广东人民出版社

·广州·

图书在版编目（CIP）数据

四季家常菜 / 秋画图文工作室编著. —广州：广东人民出版社，2017.12（2023.10重印）
ISBN 978-7-218-12092-8

Ⅰ．①四… Ⅱ．①秋… Ⅲ．①家常菜肴－菜谱 Ⅳ．①TS972.127

中国版本图书馆CIP数据核字(2017)第242530号

Si ji Jiachangcai
四 季 家 常 菜

秋画图文工作室　编著

版权所有　翻印必究

出 版 人：肖风华

责任编辑：陈泽洪
封面设计：范晶晶
内文设计：秾　芳
责任技编：吴彦斌

出版发行：广东人民出版社
地　　址：广州市越秀区大沙头四马路10号（邮政编码：510199）
电　　话：020-85716809（总编室）
传　　真：020-83289585
网　　址：http://www.gdpph.com
印　　刷：广东鹏腾宇文化创新有限公司
天猫网店：广东人民出版社旗舰店
网　　址：https://gdrmcbs.tmall.com
开　　本：787mm×1092mm　1/16
印　　张：16.25　　　字　数：300千字
版　　次：2017年12月第1版
印　　次：2023年10月第13次印刷
定　　价：39.00元

Preface
前 言

　　家常菜没有固定的菜系，也没有所谓的代表菜式，"家常"两个字已经透露出了它的特点：普通、大众化，容易被大家接受。提到家常菜，能想起的就是放学或者下班回家，桌上那一碗热腾腾的汤和一桌或简单或丰盛的菜，一家人坐在一起，聊着一天的学习或工作，说说笑笑，一天的压力在这顿饭之间，也就消失了。

　　对于已经成家立业的80后甚至部分90后来说，因为从小备受宠爱，很多人甚至从来没有下过厨，更不用说做一顿像样的饭，即使有了小孩，很多家庭的一日三餐还是老人在安排。身边很多女性朋友说，其实我也想学做饭，尤其休息的时候，看着父母那么辛苦，我也很想为他们做一顿大餐，但是真的不会做啊！

　　不知道吃什么，不知道怎么做，或者不知道什么季节该吃什么，这一本书可以解决你的问题。从四季的气候特点出发，每个季节身体的变化和相应适合吃的食材，每种食材应该怎么搭配，包括每道菜的烹饪小技巧，这本书都有了。即使没有厨艺基础的人，对照本书，也能做出一顿像样的家常便饭。当然，要成为大厨，还需要时间和不断的练习。下厨是个辛苦并快乐的事，看到家人围坐在桌前，吃着自己亲手烹制的佳肴，脸上露出满足的笑容，大概是一天中最幸福的时刻吧！

　　现在就翻开书，尝试为家人做一道色香味俱全的美食吧！

Contents

目录

第五章 给家人的贴心菜 93

第六章 巧手搭配，
家常食材的百变吃法 129

春季万物生发，生气勃勃，也是阳气升发的季节，中医认为，春天肝气最旺，故春季饮食调养宜养肝，宜选辛、甘温之品，忌酸涩。微生物开始繁殖，人容易生病，所以应摄取足够的维生素和无机盐。

第一章

Spring

春季篇

春季养肝健脾

春宜养肝

　　春季是万物孕育生长、生机盎然的季节，春天到了，肝的生理特性也就像春天的树木那样升发。不过，肝气升发容易使肝气旺盛，肝气旺盛会影响到脾，所以，春季时人容易出现脾胃虚弱的症状。脾胃虚弱时，食物的正常消化吸收容易受到影响。这也是肠胃炎、胃溃疡等易在春天复发的原因之一。

　　不过，人的肝气开始旺盛时，正是排浊气、畅气血，调养肝脏的大好时机，因此，中医又有"春宜养肝"之说。

⊙菊花枸杞茶

春季进补、饮食调理上要以护肝健脾为重。饮食上要以清淡平和、营养丰富为宜，同时要保持营养均衡，食物中的蛋白质、碳水化合物、脂肪、维生素、矿物质等要保持相应的比例。此外，多吃新鲜时令瓜果、蔬菜，是护肝养肝的最佳选择。肝气太旺的人，应多吃些具有舒肝作用的食物，如以鲜芹菜煮粥或绞汁服，菊花代茶饮等；肝血不足常感头晕、目涩、乏力的，可多吃桂圆粥、枸杞鸡肉汤、猪肝等。

保暖防病

人们常说"春捂秋冻"，这是顺应气候的保健经验。因为春季气候变化无常，忽冷忽热，加上人们用冬衣捂了一冬，代谢功能较弱，不能迅速调节体温。如果春天衣着单薄，稍有疏忽就容易感染疾病，影响健康。患有高血压、心脏病的中老年人，更应注意防寒保暖，以预防中风、心肌梗死等疾病的发生。

春天万物生长，但也是病菌等微生物活跃繁衍的季节，人们容易患上流感、哮喘等呼吸系统疾病，一些传染性疾病也开始流行，下文列举了春季饮食调理上的主要食材。

TIPS:

春天到来时，人体阳气渐趋于表，皮肤舒展，末梢血液供应增多，汗腺分泌也增多，身体各器官负荷加大，而中枢神经系统却发生一种镇静、催眠作用，肢体感觉困倦。这时千万不可贪睡，睡懒觉不利于阳气升发。为了适应这种气候转变，在起居上应早睡早起，经常到室外、树林中去散步，与大自然融为一体。

春季食材推荐

红枣

红枣性味甘平，是滋养气血、强健脾胃的食品，既可生吃也可烹调食用。身体较弱、胃口不好的人，平时也可用红枣泡水、入汤，还可以食用一些枣泥做的小点心。

蜂蜜

蜂蜜味甘，入脾胃二经，能补中益气、润肠通便，还含有多种矿物质、维生素，可增强人体免疫力，是理想的滋补品。可以每天睡前1小时饮用1杯蜂蜜水，也可以早餐时用面包蘸蜂蜜食用。

山药

山药有健脾益气、滋肺养胃、补肾固精、长肌肉、润皮毛、滋养强壮等功效，可使人体元阳之气充沛，防止春天肝气过旺而伤脾。在容易生病的春季，经常食用山药，可增强人体抵抗力及免疫力。

枸杞

枸杞性味甘平，是滋补肝肾的药食两用之品。春属木，与肝关系甚为密切，食用枸杞可以补肝肾不足。此外，枸杞还有降低血糖和胆固醇、保护肝脏、促进肝细胞新生等作用。

燕窝

燕窝甘淡，性味平，大养脾胃。在春季进补适量的燕窝可以提高老人及小孩子的免疫力，预防上呼吸道感染。

海带

海带含碘多，碘有助于甲状腺激素的合成，而甲状腺激素有产热效应，故冬末初春常吃海带有一定的御寒作用。

动物内脏

动物的肝、肾、心等内脏所含的维生素B2很多。初春时节，不少人容易患口角炎，就是缺乏维生素B2所致。

鸡肝

以脏补脏，鸡为先。鸡肝味甘而温，补血养肝，为食补养肝之佳品，较其他动物肝脏补肝的作用更强，且可温胃。

鸭血

鸭血性平，营养丰富，肝主藏血，食用鸭血可以补肝血，以血补血也是中医常用的治疗方法。

葱、姜、蒜

春笋

韭菜

葱、姜、蒜不仅是调味佳品，还有重要的药用价值，不但可增进食欲、助春阳，还具有杀菌防病的功效。春季是葱和蒜一年中营养最丰富，也是最嫩、最香、最好吃的时候，此时食用，可预防春季最常见的呼吸道感染。

中医认为，竹笋性味甘寒，具有滋阴凉血、清热化痰、利尿通便、养肝明目的功效。春季可用鲜竹笋煮白米粥服食，对防治咳喘、糖尿病、烦渴、失眠等症有较好的效果。

韭菜四季常青，可终年供人食用，但以春天吃最好。春季气候冷暖不一，需要保养阳气，而韭菜性温，最宜激发人体阳气，春季常吃韭菜，可增强人体脾胃之气。由于韭菜不易消化，故一次不应吃得太多。一般来说，胃虚有热、下部有火、消化不良者，皆不宜多吃韭菜。

黄豆芽

胡萝卜

菠菜

春天是维生素B2缺乏症的多发季节，黄豆芽是含维生素B2较丰富的食品，可以有效地防治维生素B2缺乏症。烹调黄豆芽时不可加碱，要加少量食醋，才能减少维生素B2的流失。

胡萝卜含有丰富的胡萝卜素、维生素和矿物质。春天人体各组织器官功能活跃，需要大量的营养物质供给机体，胡萝卜可以为机体提供丰富的维生素和矿物质。

菠菜是一年四季都有的蔬菜，但以春季为佳。春季上市的菠菜对解毒、防春燥颇有益处。中医认为菠菜性甘凉，能养血、止血、敛阴、润燥。

TIPS:

不要暴饮暴食或饥饿，这种饱饿不匀的饮食习惯会引起消化液分泌异常，导致肝脏功能的失调。

春季健康菜

⊙何首乌

⊙猪肝

何首乌炒猪肝

【原材料】猪肝250克，何首乌10克，青菜1把，姜、葱、蒜适量。

【调味料】酱油1大匙，醋1小匙，白酒1小匙，水淀粉、食盐、味精、麻油各适量。

【做法】 1. 将鲜猪肝剔去筋洗净后，切成片；姜、葱、蒜洗净，葱切成丝，蒜切成片，姜切成米粒状；把酱油、白酒、醋、湿淀粉、适量盐和味精兑成汁；青菜洗净。

2. 将何首乌煮出较浓的药液，从中取1大匙备用。

3. 将猪肝片加入何首乌汁和食盐少许，用湿淀粉将其搅拌均匀。

4. 将炒锅置火上放油烧热，烧至七八成热，放入拌好的肝片滑透，用漏勺沥去余油，锅内剩油适量，下入蒜片、姜粒略煸后再下入肝片。

5. 将青菜下入锅翻炒几下，倒入酱油白酒汁炒匀，淋入麻油少许，下入葱丝，起锅即成。

功/能/解/析/

猪肝营养丰富，以肝补肝，对肝肾亏虚、精血不足导致的头昏眼花、视力减退、须发早白、腰腿疲软等症有很好的疗效。

厨房妙招

要将买回来的猪肝用水冲洗干净，然后放在淡盐水中浸泡30分钟。此外，烹调加工时，为了消灭残存在猪肝里的寄生虫卵或病菌，要大火炒至猪肝完全变成灰褐色，看不到血丝才可以食用。

枸杞素炒黑豆苗

⊙枸杞

【原材料】黑豆苗150克，枸杞20克。

【调味料】五香粉、食盐、生抽、花生油各适量。

【做法】 1. 枸杞洗净，用温水浸泡5分钟，控干水分。

2. 黑豆苗去除根须、皮，洗净。

3. 起锅热油，将黑豆苗倒入锅内，大火快炒至断生，加入枸杞、五香粉、生抽、食盐翻炒均匀即可。

功/能/解/析/

枸杞有清肝明目、利尿降压的功效，黑豆苗有养血平肝、滋阴补肾的功效，春季食用这道菜，可防肝火过旺。

厨房妙招

黑豆苗是黑豆在控温控湿并且需要见一定光的情况下生长的一种豆芽，有条件的家庭可以在家自己养黑豆苗。

⊙黑豆

竹笋鸡片

原材料

竹笋100克，鸡胸肉100克，胡萝卜1根，生姜适量。

调味料

盐、麻油、花生油各适量。

做法

1. 将竹笋、胡萝卜切成斜片，鸡胸肉切片，生姜切丝。

2. 锅内烧水，待水开后，放入竹笋、胡萝卜，用中火煮尽青味，捞起待用。

3. 另起锅下油，放入姜丝炝香，下鸡胸肉炒熟，再下入竹笋、胡萝卜，略炒调入盐，最后淋入麻油，出锅即成。

功/能/解/析/

竹笋一年四季都有，唯有春笋和冬笋为最佳，春季调养可以经常吃竹笋。竹笋富含膳食纤维，搭配同样含膳食纤维的金针菇，可以帮助排除体内毒素，加上香菇提味，口感会更好。

厨房妙招

竹笋虽然美味，但含有一定的草酸，在烹调的时候，先将竹笋焯水，可去除大部分的草酸。

韭菜炒鸡蛋

原材料

韭菜200克，鸡蛋2个。

调味料

花生油适量，盐、料酒各少许。

 ⊙韭菜

做法

1．韭菜择洗干净，切成1.5厘米长的段；鸡蛋磕入盆内打散待用。

2．锅置火上，放油烧热，倒入蛋液，炒熟后放入韭菜快速煸炒，同时加入盐、料酒，翻炒均匀即可。

功/能/解/析/

《本草纲目》中记载"正月葱，二月韭"，韭菜是非常适宜春季调养的食材，能补肾阳，固肾气，多吃韭菜可以保暖健胃，韭菜搭配鸡蛋，不但口感特别好，而且有助于提升身体免疫力，对春季流行性感冒也有一定的预防作用。

厨房妙招

韭菜本身就是很容易熟的菜，想要翠绿不变黑，大火炒10秒就足够啦！

韭菜炒豆芽

原材料

韭菜300克，绿豆芽200克。

调味料

盐、花生油适量。

做法

1. 韭菜洗净，切长段；豆芽洗净。
2. 起锅热油，将韭菜和豆芽一同放入锅中，炒熟，加盐调味即可。

功/能/解/析/

韭菜性温，有保暖健胃的功效；豆芽有清热的作用。春季多食此菜，可滋补脾胃、增强体力。

厨房妙招

豆芽要多洗几遍，因为豆芽在沙子里生长，里面会有很多细沙。

⊙豆腐

⊙银鱼

豆腐蒸银鱼

【原材料】豆腐1块，银鱼100克，辣椒1个，香菜2根，葱1根，姜几片。

【调味料】糖、麻油各1小匙，胡椒粉少许，盐、酱油各适量。

【做法】　1．豆腐洗净汆烫，捞出沥干；辣椒去蒂与葱洗净切末；香菜洗净。

　　　　　2．银鱼洗净，加一半的葱末及辣椒末，再加除麻油以外的所有调味料和姜片腌5分钟。

　　　　　3．豆腐盛盘，铺银鱼，蒸7分钟取出。

　　　　　4．倒掉蒸汁，淋上麻油，撒上剩余的葱末、辣椒末、香菜即可。

功/能/解/析/

银鱼中含丰富的不饱和脂肪酸，高蛋白，低脂肪；豆腐中除了含有大量水分外，主要成分是蛋白质和异黄酮，可以益气补虚，促进机体代谢，老少皆宜，特别对老年人的血管硬化以及骨质疏松等病症都有很好的食疗作用。这道菜不但美味，而且可以帮助提升身体免疫力，特别适合在乍暖还寒的春季食用。

厨房妙招

如果是蒸豆腐，建议选用内酯豆腐，内酯豆腐虽然易碎，但是细腻水嫩，口感极好。

鱼头炖豆腐

⊙鲢鱼

⊙大蒜

【原材料】鲢鱼头500克，姜1块，大蒜10瓣，豆腐1块。

【调味料】盐、味精、花生油各适量。

【做法】　1．将大蒜去皮洗净，姜洗净切丝，鱼头洗净。

　　　　　2．豆腐、鱼头分别油锅煎香，铲起。

　　　　　3．锅中入油，放入姜丝炒香，将煎香的豆腐、鱼头与大蒜一起放入锅内炖，加清水适量。

　　　　　4．炖30分钟左右即可关火。

功/能/解/析/

鲢鱼头的蛋白质含量很高，还含有钙、铁、脂肪、维生素D，营养非常丰富。豆腐作为药食兼备的食品，具有益气补虚的作用，钙的含量也非常高。而大蒜杀菌力比较强，对春天一些常发疾病如感冒、腹泻、胃肠道炎以及扁桃体炎都有一定的防治作用，还可以促进新陈代谢，增加食欲，预防动脉硬化和高血压。

厨房妙招

大蒜皮比较难剥，用个小方法，就能变得轻松。准备一双洗碗手套，然后抓一把带皮的蒜，紧紧地捏在手里，然后快速地揉两手，这样，就会把蒜皮给揉下来了。

清炒山药

原材料

山药600克，葱丝、姜丝各少许。

调味料

白醋、白糖、盐、花生油各适量，鸡精少许。

做法

1. 山药洗净，用开水烫1分钟，去皮，切成菱形片，入沸水焯一下，再放入冷水中淘洗沥干；将葱丝、姜丝、白醋、白糖、盐、鸡精混合，调成料汁。

2. 锅中倒入适量的油，烧热，下山药片翻炒，倒入调好的料汁翻炒均匀至山药熟透即可。

功/能/解/析/

山药（又称淮山）是山中之药、食中之药，不仅可做成保健食品，而且具有调理疾病的药用价值，有补益肾气、健脾胃助消化的功效，特别适宜在春季进补。

⊙山药

厨房妙招
山药切好后泡入冷水中，可以防止其氧化变色。

⊙山药

⊙鸡肝

山药西芹炒鸡肝

原材料

鸡肝、干蘑菇15克，新鲜山药1根，西芹2根。

调味料

盐、鸡精、酱油、水淀粉、花生油各适量。

做法

1. 先将蘑菇洗净，再用热水泡约10分钟至变软，并将泡菇水留下备用。

2. 将山药去皮切小片，西芹也切成相同大小。

3. 油热后，依次加入蘑菇、山药、西芹、鸡肝炒熟，接着倒入泡菇水。

4. 待汤汁略收干后，加入适量淀粉勾芡，再加入一点酱油或少许盐、鸡精调味即可。

功/能/解/析/

鸡肝含丰富的蛋白质、钙、维生素A等营养，含铁质丰富，具有帮助正常生长和生殖机能的作用，能保护视力，促进皮肤健康红润。

厨房妙招

新鲜的鸡肝充满弹性，闻起来是正常的肉香；健康的鸡肝是淡红色、土黄色、灰色，黑色的是不新鲜的。

南瓜山药蒸红枣

原材料

山药、南瓜各150克，红枣10颗。

调味料

红糖适量。

做法

1. 山药去皮，洗净，切成小块；南瓜去皮、瓤，也切成同样大小的块；红枣洗净，去核。
2. 将山药块、南瓜块、红枣放入容器，撒上红糖，上锅蒸10分钟。

⊙红枣

功/能/解/析/

红枣富含各类维生素，可以说是维生素的宝库；山药性味甘平，有清肺热、养肝养胃、滋阴润燥的功效；南瓜富含膳食纤维，可以帮助排出身体毒素，搭配食用可以增强人体的免疫力，特别适合在春季食用。

厨房妙招

把红枣中混杂的干瘪枣和杂质挑出后，放入滚开的水中焯一遍，然后迅速捞出，沥干水后放在日光下晒干，可以杀灭红枣表面的细菌。存放在干燥隔潮的密封容器内，能避免红枣生虫或变质。

功/能/解/析/

春季宜养肝，芹菜含铁量较高，还能降血糖，蛋白质的含量比一般瓜果蔬菜都高，是养肝护肝的好食材。

芹菜炒豆腐干

厨房妙招

⊙芹菜

芹菜容易脱水变老，买回的芹菜如果一次吃不完，可以将剩下的梗洗净切段，放入保鲜袋或保鲜盒，搁冰箱冷藏，随吃随取，可保鲜3～5天。

原材料

芹菜1小把，豆腐干5块，蒜末适量。

调味料

盐、鸡精、糖、蚝油、花生油适量。

做法

1. 豆腐干洗净切成条状，芹菜洗净切好。

2. 起锅热油，爆香蒜末，放入芹菜和豆腐干，翻炒至芹菜断生，加点盐、糖、鸡精、蚝油调味即可。

洋葱拌牛肉

原材料

熟酱牛肉1小块，洋葱半个，青椒半个，红椒半个。

调味料

甜面酱、白糖、味精、生抽、麻油各适量。

做法

1. 洋葱洗净切片，青红辣椒去籽切片。

2. 三种蔬菜放一起加少许盐拌匀，腌10分钟，去水，加甜面酱、白糖、味精和生抽拌匀。

3. 牛肉切片，加上腌好的蔬菜，淋麻油拌匀即可。

厨房妙招

将生姜捣碎取汁，生姜渣留作调料用，将姜汁拌入切好的牛肉中，每500克牛肉加5毫升姜汁，在常温下放置1小时后即可烹调，可使牛肉鲜嫩可口，香味浓郁。

功/能/解/析/

春季的洋葱是一年中营养最丰富，也是最嫩、最香、最好吃的，搭配富含蛋白质的牛肉，可帮助我们抵御疾病，增强身体抵抗力。

⊙洋葱

西红柿豆腐羹

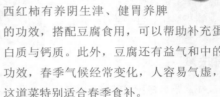
⊙西红柿

原材料

西红柿200克，豆腐200克，青豆50克。

调味料

盐、白糖、水淀粉、花生油各适量，高汤适量，胡椒粉、味精各少许。

做法

1. 豆腐切成片，入沸水锅中焯一下，捞出沥水待用；西红柿洗净，用开水烫后去皮，剁成蓉；青豆洗净。

2. 锅中倒入适量的油，下入西红柿蓉煸炒，加盐、白糖、味精，翻炒几下，盛出待用。

3. 另起锅下油，下入青豆、豆腐、高汤、盐、白糖、味精、胡椒粉，烧沸入味，用水淀粉勾芡，下番茄酱汁推匀，出锅即成。

功/能/解/析/

西红柿有养阴生津、健胃养脾的功效，搭配豆腐食用，可以帮助补充蛋白质与钙质。此外，豆腐还有益气和中的功效，春季气候经常变化，人容易气虚，这道菜特别适合春季食补。

厨房妙招

装在盒子里的豆腐，要想完整地取出，可以在豆腐盒背面划条缝，让空气进去，就可以轻松取出豆腐了。

碧绿菠菜粉

原材料

菠菜50克，红薯淀粉15克，油菜2棵，胡萝卜1根，彩椒1个。

调味料

姜、葱、白糖、盐、淀粉、花生油、海鲜酱各适量。

做法

1．菠菜洗净榨汁，加水搅拌均匀，不要滤渣。

2．葱切末、姜、彩椒、胡萝卜切片，油菜洗净备用。

3．红薯淀粉加水调制，不挂住筷子即可。

4．菠菜汁下锅，中火烧开，然后用大火边倒入调好的红薯淀粉边搅拌，搅至透明即可出锅。

5．将菠菜粉晾凉切块备用。

6．另起锅，加油烧热，依次加入海鲜酱、葱、姜、白糖、盐、胡萝卜、彩椒、油菜翻炒。

7．最后倒入菠菜粉炒匀，勾芡即可出锅。

功/能/解/析/

菠菜口感柔滑，味美色鲜，含丰富的膳食纤维，有顺肠通便的功效，还含有丰富的维生素，有促进生长发育的功效，春天正好是吃菠菜的好时节，这道碧绿菠菜粉适合春季食补。

⊙菠菜

厨房妙招

油菜最后下锅，大火快炒，可以最大限度地保证油菜中的维生素不被破坏。在炒其他蔬菜的时候同样如此，大火快炒能避免营养过多流失。

木耳豆腐煲

原材料

豆腐300克，木耳10克，西蓝花100克，核桃仁、海米适量。

调味料

食盐、蚝油、鲍鱼酱、酱油、料酒、花生油各适量。

做法

1. 在碗中加入1勺蚝油、1勺鲍鱼酱以及2勺水，再加入适量的酱油、料酒，搅拌均匀调制碗汁。

2. 西蓝花、木耳中加入适量食盐焯制，水开后捞出备用；豆腐切成条，正反面撒上食盐进行腌制。

3. 起锅，倒入底油，油温烧至五成热左右，将腌制好的豆腐下锅煎至四面呈金黄色，下入核桃仁、海米。

4. 待煎出香气，下入西蓝花和木耳略炒，烹入碗汁即可。

①

②

③

④

功/能/解/析/

木耳口感细嫩、味道鲜美，而且营养格外丰富，有"素中之荤"的美誉。常吃木耳可以防治贫血、养血驻颜，还能增强人体免疫力，帮助我们抵抗春季易发流感。

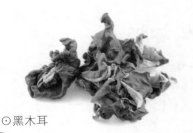

⊙黑木耳

厨房妙招

西蓝花焯水时加入少许食盐，可以使西蓝花颜色更绿，更好看。

⊙苹果

⊙鸡胸肉

苹果炒鸡丁

【原材料】苹果100克，鸡胸肉50克，葱丝适量。

【调味料】盐、花生油适量。

【做法】 1. 苹果洗净，切成小丁；鸡胸肉洗净，切成小丁，入沸水中汆烫，捞出备用。

2. 锅中倒入适量油，烧热，放入葱丝爆香。

3. 加入1大匙水，煮开后，放入苹果、鸡胸肉，调入盐，炒1分钟即成。

功/能/解/析/

鸡胸肉高蛋白、低脂肪，苹果富含丰富的维生素和矿物质，入菜后淡淡的果香也会增加食欲，西方有"一天一苹果，医生远离我"之说，食用这道菜，可以帮助提升身体免疫力，抵抗春季病毒入侵身体。

厨房妙招

如果买的是整鸡，要注意，位于鸡肛门上方的那块肥厚的肉是淋巴最为集中的地方，也是储存病菌、病毒的仓库，不宜食用，应丢弃。

葱香蚕豆

【原材料】蚕豆500克，葱80克。

【调味料】五香粉5克，盐3克，花生油适量。

【做法】 1. 新鲜蚕豆荚剥去壳，去除蚕豆上的小帽子，然后洗净，晾干；葱切末。

2. 炒锅置火上，倒入适量油，烧热，下蚕豆快速翻炒。

3. 加入适量水，大火烧煮至蚕豆熟透，撒上葱花、盐、五香粉翻炒一下，即可出锅。

功/能/解/析/

蚕豆含有大量蛋白质，且不含胆固醇，在日常食用的豆类中蛋白质含量仅次于大豆，还含有大量钙、钾、镁、维生素C等；蚕豆皮中的膳食纤维有降低胆固醇、促进肠蠕动的作用。春天是葱和蚕豆最佳的食用季节，口感和营养均是最佳。

厨房妙招

蚕豆去皮食用口感会更好，鲜蚕豆去外壳后不用洗，将有芽的一头向上，用指甲开个口，将蚕豆竖捏，两指一捏，皮就去掉了，特别方便。

⊙蚕豆

⊙香菇

⊙嫩豆腐

香菇烧豆腐

【原材料】嫩豆腐200克，干香菇50克。
　　　　笋片20克，油菜叶适量。

【调味料】料酒、酱油、白糖、盐、味
　　　　精、花生油、水淀粉、素鲜汤
　　　　各适量。

【做法】　1．香菇泡发，洗净切块；豆
　　　　腐切块；油菜叶入滚水中汆
　　　　烫，捞出切开备用。

　　　　2．起锅热油，放入香菇、竹
　　　　笋片、豆腐块，加酱油炒一
　　　　下，放入素鲜汤、料酒，煮至
　　　　汤汁收干。

　　　　3．加白糖、盐、味精调味，
　　　　用水淀粉勾芡，出锅即可。

功/能/解/析/

豆腐是我国的传统食品，不但味道鲜美，
还含有丰富的蛋白质、脂肪、碳水化合
物、钙、磷、镁、铁等多种营养成分，常
食可补中益气，搭配香菇提鲜，兼具营养
与美味。

厨房
妙招
　　用沸水焯豆腐，时间不宜长，水开后
立即捞出，以免豆腐变老。

春笋炒肉

⊙春笋

⊙瘦肉

【原材料】春笋300克，瘦肉150克，蒜2瓣。

【调味料】酱油10克，盐、花生油适量，味精少许。

【做法】　1．将春笋去皮，切片，用沸水焯后，捞出待用；蒜去皮，切成蒜末；瘦肉洗净切
　　　　片，用酱油抓腌5分钟。

　　　　2．起锅热油，爆香蒜末，在锅中放入瘦肉翻炒至变色，捞起待用。

　　　　3．锅底留油，放入笋片大火翻炒1分钟，倒入瘦肉翻炒均匀，放盐和味精调味即
　　　　可。

功/能/解/析/

竹笋含丰富的蛋白质、纤维素，春笋味道尤其
好。常吃春笋，可以去除体内毒素，提升身体
免疫力，增强抗病能力，搭配瘦肉一起，简单
美味，是可以经常吃的家常菜。

厨房
妙招
　　选择春笋时，要注意
选嫩的，指甲能轻松掐破为
宜，老的春笋口感不好。

栗子焖鸡

原材料

鸡腿肉150克，栗子（去皮）50克，白豆蔻、黑豆、黑木耳各10克，葱1根，姜1块。

调味料

盐1小匙，白糖1大匙，酱油15毫升，料酒、花生油适量。

做法

1. 黑豆提前泡水24小时，再上锅蒸制30分钟。

2. 鸡腿肉切成块，葱、姜切片备用。

3. 锅中放入底油烧热，放入栗子煸炒，再放入改好刀的鸡腿肉块翻炒。

4. 放入料酒、葱、姜、白豆蔻，再放入高汤或者开水，烧制3分钟。

5. 放入盐、白糖、酱油，然后下入黑木耳和黑豆。

6. 盖上锅盖焖制3~5分钟，出锅即可。

功/能/解/析/

板栗富含蛋白质、脂肪、碳水化合物和钙、磷、铁、锌以及多种维生素等营养成分，有健脾养胃、补肾强筋、活血止血之功效；黑木耳富含膳食纤维，可以顺肠排毒；鸡肉和黑豆都富含优质蛋白质，有利于强身健体。这道菜可以提升身体免疫力，适合在流行性疾病多发的春季食用。

厨房妙招

把栗子先下锅煸炒，让它形成一点硬壳，这样在焖制的过程当中栗子就不会碎了。

夏季气候炎热，是人体新陈代谢最旺盛的时候，人体阳气外发，伏阴在内，所以夏季调养重在『养阳』。就是要求人们顺从自然界的规律，重视保养阳气，提高身体内抗病能力，以达到健体颐年的目的。

第二章

Summer

夏季篇

夏季清心降火

夏宜养心

夏季调养重在精神调节，保持愉快而稳定的情绪，凡遇事皆恬静虚怀，泰然处之，切忌大悲大喜，以免以热助热，火上加油。

人的精神活动与心的功能密切相关。心脏之所以与情志有关，是因为"心藏脉，脉舍神"。脉，就是血脉、血液。心主神明、神志，是通过营运血液来实现的。血脉充盈，则神志清晰，思维敏捷，精神旺盛；血脉亏损，心血不足，则常常会导致失眠、多梦、健忘、眩晕、精神不振等问题。由此看来，夏季精神调节的前提，是要保证"心主血脉"的正常进行。

现代营养学认为，心肌发育和血脉运行都需要消耗大量蛋白质，要及时补充；而高脂肪食品食用过多，会出现"脂肪心"，又易引起动脉硬化，在饮食中最好选用一些能降血脂的食物，如海带、大豆、蘑菇、花生、生姜、大蒜、洋葱、茶叶、酸牛奶、甲鱼、海藻、玉米油、山楂等。低盐饮食对预防心血管病大有好处，因为钠盐食用过多，会增加心脏负担，又易引起高血压等疾病。

饮食清淡，多食苦味

1. 饮食宜清淡：炎夏的饮食应以清淡、质软、易于消化为主，少吃高脂厚味及辛辣上火的食物，清淡饮食能清热、防暑、敛汗、补津液，还能增进食欲。多吃新鲜蔬菜瓜果，既可满足所需营养，又可预防中暑。主食以稀为宜，如绿豆粥、莲子粥、荷叶粥等，还可适当饮些清凉饮料，如酸梅汤、菊花茶等，但冷饮要适度，不可偏嗜寒凉之品，否则会伤阳而损身。另外，吃些醋，既能生津开胃，又能抑制杀灭病菌，预防胃肠道疾病。

但是，清淡不等于素食，因为素菜中虽然含有大量的膳食纤维及丰富的维生素，但缺乏人体必需的蛋白质，长期吃素容易导致营养失衡。所以即使在炎炎夏日也不要拒绝荤菜，可适当摄入一些瘦肉、蛋、奶、鱼等，关键是在烹调时多用清蒸、凉拌等方法，不要做得过于油腻。

2. 苦味宜多食：中医认为，凡有苦味的蔬菜，大多具有清热的作用，因此，夏季经常吃些苦菜、苦瓜等苦味食品，能起到解热祛暑、消除疲劳等作用。夏季出汗较多，不妨喝点带苦味的饮料，绿茶、苦丁茶等都是不错的选择。

TIPS 1:

夏季我们在运动后会感到口渴，但此时不宜过量、过快进食冷餐或冷饮，以防肠道血管急骤收缩，引起消化功能紊乱而出现腹痛、腹胀、腹泻。可适当喝些盐开水，最好洗个热水澡，既可消除疲劳，又使人感到格外舒服。

TIPS 2:

夏季作息，一般来说，宜晚些入睡，早点起床，以顺应自然界阳盛阴虚的变化。由于晚睡早起，睡眠相对不足，所以需要午休做适当的补偿。在夏季要科学安排工作和生活，做到劳逸结合。注意室内降温，使居室环境尽量通风凉爽。

夏季食材推荐

海带

海带中含有丰富的碘、铁、蛋白质、脂肪、碳水化合物、维生素、甘露醇及多种矿物质，可以防治心脏病、糖尿病、高血压。炎炎夏日，不管是喝海带汤还是吃凉拌海带，都非常适合，可以祛暑清热，利尿排毒，解腻降脂。

莲藕

莲藕可以清热凉血，可以用来治疗热性病症，并具有收缩血管的作用，可以用来止血，是热病引起的各种出血性疾病的食疗佳品。夏季炎热，胃口容易变差，经常吃莲藕，不但可以补益身体，还有助于改善食欲不振、胃纳不佳的状况。

苦菜

苦菜是一味药食同源的蔬菜，具有清凉解毒、消毒排脓、去淤止痛、防治胃肠炎等功能。食用苦菜时，将它的根、叶洗净，可拌可炒可做汤，味道苦中带香，是解暑开胃的佳肴，而且对肠炎、痢疾等有一定的防治作用。

西瓜

炎夏盛暑，吃上几块西瓜，不但能清热解毒，除烦止渴，而且能利尿，帮助消化。因此，夏天要多吃西瓜，特别是从事露天作业或在室内高温环境下工作的，每天都应该吃一点。

绿豆

暑天，工作和劳动之余喝一碗绿豆汤，自有神清气爽、烦渴尽去、暑热全消、心旷神怡之感，这是由于绿豆具有清热解暑、止渴利尿的功效。

乌梅

盛夏之际，最好能多喝些乌梅汁或酸梅汤。乌梅对痢疾杆菌、大肠杆菌、伤寒、结核、绿脓杆菌及各种皮肤真菌有抑制作用。同时，乌梅还能有效地分解肌肉组织中的乳酸、焦性葡萄酸，使人消除疲劳，恢复体力。

西红柿

尽管一年四季市场上皆能见到西红柿，但还是以夏天最多。西红柿营养丰富，不但供食用，亦可药用。中医学认为它味酸甘、性平，有清热解毒、凉血平肝、解暑止渴的作用，适用于中暑、高血压、牙龈出血、胃热口苦、发热烦渴等症。

鸭肉

鸭是餐桌上的上乘肴馔，也是人们进补的优良食品。鸭肉的营养价值与鸡肉相仿，但在中医看来，鸭子吃的食物多为水生物，故其肉性味甘、寒，入肺胃肾经，有滋补、养胃、补肾、除痨热骨蒸、消水肿、止热痢、止咳化痰等作用。炎热的夏季，特别适合食用鸭肉进补调养。

黄瓜

黄瓜"气味甘寒，服此能清热利水"，因此，炎热的夏天多吃些黄瓜是有好处的。黄瓜的含水量为96%～98%，为蔬菜中含水量最高的。它含的纤维素非常娇嫩，对促进肠道中腐败食物的排泄和降低胆固醇均有一定作用。

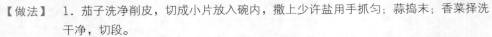

夏季健康菜

清拌茄子

⊙茄子

【原材料】嫩茄子500克，香菜少量，蒜5瓣。

【调味料】米醋、白糖、麻油、酱油、味精、食盐、花椒各适量。

【做法】　1. 茄子洗净削皮，切成小片放入碗内，撒上少许盐用手抓匀；蒜捣末；香菜择洗干净，切段。

　　　　　2. 茄子腌制一会儿再放入凉水中，泡去茄褐色，捞出放蒸锅内蒸熟，取出晾凉。

　　　　　3. 将炒锅置于火上烧热，加入麻油，下花椒炸出香味后，连油一同倒入小碗内，加入酱油、白糖、米醋、精盐、味精、蒜末，调成汁。

　　　　　4. 将汁液浇在茄片上，撒上香菜即成。

功/能/解/析/

夏天能去火的蔬菜中，以茄子效果最好。茄子能去热解痛，是防治口腔炎的特效食品。另外，凡是痰热咳嗽、血热便血、痔疮出血或大便不畅等均可以用茄子食疗，但是茄子属于凉性食物，消化不良、容易腹泻者不宜多食。

厨房妙招

　　茄子切成片后，在容器里面加一勺盐进去用手抓匀腌制十几分钟，这一步很重要，因为这样处理后，茄子不氧化变色。

木耳炒河虾

⊙河虾

【原材料】河虾150克，木耳100克，香葱100克。

【调味料】白砂糖半匙，酱油半匙，料酒 1小匙，盐少许，花生油适量。

【做法】　1. 河虾用水洗一下，剪去须和脚；木耳泡发，洗净，撕成小片；香葱洗净，切段。

　　　　　2. 锅置火上，放入适量油，用大火烧热，等油冒烟时放入虾翻炒两下，加入木耳、香葱和料酒、糖、酱油、盐，再翻炒两下，加少量水（约45毫升），烧开，再翻炒几下即可。

功/能/解/析/

河虾含丰富的蛋白质，可以补充身体所需能量，这道菜特别适合炎热的夏季食用。

厨房妙招

　　有些干虾要经过浸发才可以烹煮，烹调时要注意：第一次浸虾的水异味很重，不能用来烹煮，第二次浸的水才可用来烹煮。

炝拌什锦

⊙四季豆

⊙西红柿

【原材料】豆腐1块，四季豆50克，西红柿1个，木耳15克，葱末适量。

【调味料】麻油、食盐、味精、植物油各适量。

【做法】 1．将豆腐、四季豆、西红柿、木耳均切成丁。

2．锅内加水烧开，将豆腐、四季豆、西红柿、木耳分别焯透(西红柿略烫即可)，捞出沥干水分，装盘备用。

3．炒锅烧热，入植物油，把花椒下锅，炝出香味。

4．再将西红柿、葱末、盐、味精同入锅内，搅拌均匀，倒在烫过的豆腐、四季豆、木耳上，淋上麻油搅匀即可。

⊙豆腐

功/能/解/析/

这道菜有生津止渴、健脾清暑、解毒化湿的功效。另外，西红柿外用对皮肤美容有一定的功效，如果肤色较黑，皮肤较粗糙，可用西红柿汁涂擦。

厨房妙招

豆腐所含的大豆蛋白缺少一种人体必需的氨基酸——蛋氨酸，若单独食用，蛋白质利用率低，烧菜时如果搭配其他含蛋氨酸食物，可大大提高豆腐中蛋白质的利用率。

苦瓜炒肉

⊙苦瓜

⊙瘦肉

【原材料】苦瓜1条，瘦肉200克，红椒半只。

【调味料】盐、味精、老抽、花生油各适量。

【做法】 1．将苦瓜对半切开去瓤洗净，切成薄片备用；瘦肉洗净，切丝；红椒洗净，切丝。

2．起锅热油，放入瘦肉丝炒至变色，盛起备用。

3．锅中留底油，放入苦瓜片、红椒丝，炒至断生，放入炒好的瘦肉丝一起翻炒均匀，加老抽、盐、味精调味，即可起锅。

功/能/解/析/

苦瓜虽苦，但人吃了可以生津止渴、消暑解热、去烦渴、治疗痢疾。苦瓜富含维生素C，可以促进人体对铁的吸收利用，瘦肉含有较多的铁元素，两者搭配食用，可提高人体对铁元素的吸收利用率。

厨房妙招

不喜欢苦味的人，可以将切好的苦瓜放入开水中氽一下，或放在无油的热锅中干煸一会儿，或用盐腌一下，都可减轻它的苦味。

冬瓜焖鸭

⊙鸭腿

原材料

鸭腿肉400克，冬瓜300克，油菜心10棵。

调味料

八角2颗，姜、葱、黄酒、蚝油、老抽、花生油各适量。

⊙冬瓜

①

②

③

④

⑤

⑥

做法

1. 冬瓜洗净去籽去皮切成大块，姜切片，葱切段备用；油菜心提前焯好码盘备用。

2. 冬瓜皮放入开水中煮半小时备用；鸭腿肉去掉骨头，切成小块。

3. 锅中倒入适量清水，待水开后放入鸭块焯一下去腥，水再开时捞出备用。

4. 另起锅，倒入适量底油，放入葱、姜、八角爆香，放入焯好的鸭块翻炒，随后加入蚝油、老抽、黄酒调味。

5. 放入冬瓜块煸炒，鸭肉七成熟时，加入冬瓜皮煮的水或热水，再炖30分钟左右出锅，倒入提前码好的油菜心中装盘即可。

鸭肉放到锅里面，改成小火慢慢地
煸炒，直至表面的水分全都炒干，既去
腥又增香。

功/能/解/析/

中医看来，鸭子吃的食物多为水生物，
故其肉性味甘、寒，夏季吃鸭子，既能
补充过度消耗的营养，又可祛除暑热带
来的不适。

功/能/解/析/

这道菜具有健脾胃的功
效。鸭子是夏季滋补佳
品，有帮助消化的作
用，蛋白质也十分丰
富。萝卜营养价值高，
风味鲜美，对增强人体
新陈代谢功能有十分重
要的作用，并具有延缓
衰老、美容保健功能。

⊙白萝卜

厨房
妙招

这道菜要最后放
盐，味道在表面，更加让
人回味无穷。

酸萝卜老鸭汤

原材料

半只老鸭或鸭腿1只，新鲜白萝卜半根，大
葱2段，姜2片。

调味料

酸萝卜老鸭汤料1袋，黄酒2大匙，八角2
颗，花椒5粒 ，盐1/2匙。

⊙姜

⊙大葱

做法

1. 先将老鸭洗净，斩成小块。白萝卜去皮切成块备用。

2. 锅中倒入清水，放入鸭块，大火煮开后撇去血沫，再继续煮5分钟，捞出后用清水冲
清鸭块表面的浮沫。焯鸭块的水倒掉不要。

3. 取一锅，倒入清水，放入鸭块、八角、花椒、大葱和姜片，然后淋入黄酒。

4. 大火煮开后倒入切好的白萝卜块，开着盖子煮5分钟后，再倒入老鸭汤的料包，盖上
盖子转中小火炖煮1个半小时。临出锅前，放入盐调味即可。

青豆玉米胡萝卜丁

原材料

玉米粒100克，青豆100克，胡萝卜100克，火腿肠1根(约30克)。

调味料

盐、花生油适量。

做法

1. 将胡萝卜洗净，切丁；火腿肠切丁，大小同胡萝卜丁；青豆和玉米粒分别洗净。

2. 锅置火上，放油烧热，放入玉米粒、青豆、胡萝卜和火腿肠，加盐翻炒一会儿拌匀出锅。

功/能/解/析/

这道菜色美味鲜，清甜可口，并且富含多种维生素、矿物质和蛋白质，夏季来一道，营养又开胃。

⊙玉米

厨房妙招

夏季正好是玉米成熟的季节，喜欢吃煮玉米的注意了，最好选择刚采收的新鲜玉米，因为玉米的糖分会随着时间而慢慢流失。煮玉米时最好连皮一起煮，因为玉米皮含有天然色素并且会吸收水分，可以让煮出来的玉米颜色更鲜艳，口感更香软。

甜藕汁

原材料

莲藕1根。

调味料

蜂蜜少许。

⊙莲藕

做法

1. 将莲藕洗净，去皮，切小块。

2. 将莲藕块放入榨汁机中，加适量凉开水，榨成汁。

3. 将莲藕汁倒入杯中，加少许蜂蜜调匀即可。

功/能/解/析/

常饮鲜藕汁，可起到健脾开胃、养血生肌的功效。炎热的夏季身体需要补充大量的水分，榨这道甜藕汁时还可以加入其他材料，如西瓜、胡萝卜等，不但营养会更丰富，口感也更浓郁。

厨房妙招

没切过的莲藕可在室温中放置一周的时间，但因莲藕容易变黑，切面孔的部分容易腐烂，所以切过的莲藕要在切口处覆以保鲜膜，冷藏可保鲜一个星期左右。

花椒藕片

原材料

莲藕400克，花椒适量。

调味料

盐、麻油、花生油各适量。

做法

1. 将莲藕洗净去皮，切成薄片，放入沸水中稍烫，捞出沥水备用。

2. 锅置火上，加入油烧热，放入花椒炒香。

3. 加入莲藕片，调入盐，炒匀入味，淋少许麻油即可。

功/能/解/析/

莲藕中含有大量的淀粉、维生素和矿物质等营养物质，具有健脾益胃、润燥养阴、补血凉血、止血散瘀、清热解毒的作用，是夏季补充营养、调养身体的滋补佳珍。

厨房妙招

炒花椒要掌握时间和火候，避免炒焦。

⊙薏米

功/能/解/析/

薏米营养丰富，
既是人们常吃的
食物，也是中
药，夏秋季节将
薏米和绿豆搭配
煮粥，可早晚当
主食食用，能清
暑利湿。

厨房
妙招

薏米和绿豆
浸泡时可以放入
冰箱，避免泡的
时间长了变质。

绿豆薏米粥

原材料

薏米50克，绿豆100克。

调味料

盐少许。

做法

1. 将薏米和绿豆洗净，用清水浸泡3小时左右。

2. 将泡好的薏米、绿豆放入锅中，加入1500毫
升清水，先用大火煮开，再用小火煮30分钟左右，加
盐调味即可。

柿椒炒玉米

原材料

嫩玉米粒300克，红绿柿子椒各50克。

调味料

盐、白糖各少许，花生油适量。

做法

1. 将红绿柿椒去蒂、籽洗净，切成小丁。玉米粒洗净备用。

2. 锅内加花生油，烧至七成热，放入玉米粒，加入盐，炒2～3分钟，加少量清水，再炒2～3分钟。

3. 放入柿椒丁翻炒片刻，加入白糖，翻炒几下，即可出锅。

功/能/解/析/

这道菜颜色鲜艳，可以让人食欲顿开，三种食物均富含维生素C与食物纤维，不但有顺肠排毒的功效，而且能帮助美白肌肤，夏季紫外线强，为了防止肌肤变黑，可以经常吃这道菜。

厨房妙招

玉米须不要扔掉，洗净后煮水饮用，有清热解暑、利尿消肿的功效。

百合炒南瓜

【原材料】南瓜200克，鲜百合1个。

【调味料】白砂糖5克，盐5克，花生油适量。

【做法】
1. 南瓜去掉瓜瓤、瓜籽，削去外皮，切成0.5厘米厚的片；鲜百合剥成瓣，去掉边上褐色部分，洗净。
2. 大火烧开小煮锅中的水，放入百合瓣氽烫2分钟，捞出，沥去水分。
3. 炒锅内放入油，大火烧至七成热，放入切好的南瓜片和百合，加入白砂糖、盐翻炒均匀，加入适量冷水，待煮开后改小火收汁，焖至南瓜熟软即可。

⊙南瓜

⊙百合

功/能/解/析/

百合中含有多种矿物质和维生素，有助于促进机体营养代谢，有宁心安神的功效，搭配营养丰富的鸡蛋煮汤，养颜又润心，特别适合夏季饮用。

厨房妙招

新鲜百合最好放在冰箱冷藏保存，可以延长保存时间，防止百合烂芯。百合剥的时候要放在水里剥，可防止发黄，发现变黄的部分一定要削掉，这是百合变苦的根本原因。

⊙海螺肉

⊙银耳

⊙黑木耳

双耳炒海螺

【原材料】净海螺肉250克，银耳、黑木耳各20克，青椒、红椒各半个，葱白1根，姜片少许。

【调味料】盐1小匙，料酒1大匙，麻油、味精、花生油各适量。

【做法】
1. 海螺肉切块，入沸水中稍微氽烫。
2. 银耳、黑木耳用水泡发后撕成瓣状，青、红椒切片，葱切段。
3. 热锅上油，放入葱段、青红椒片、姜，大火爆香后，放入螺肉、银耳和黑木耳快速爆炒。
4. 加适量盐、味精、料酒炒至海螺肉熟透，淋上麻油，出锅即可。

功/能/解/析/

黑木耳和银耳含丰富的膳食纤维，可顺肠排毒，海螺肉含有丰富的蛋白质和多种维生素，有清热的功效，夏季吃这道菜，有清热、排毒、开胃的功效。

厨房妙招

黑木耳在烹调的时候容易爆锅，是泡发时间不够导致的。一般情况下，黑木耳泡发8小时才能够完全吸足水分，炒的时候才不会爆锅，所以可以选择在头一天晚上泡发，隔天早上洗净使用。

黄瓜鱼肉沙拉

⊙鱼肉

【原材料】鱼肉200克，黄瓜2根，生菜叶4片。

【调味料】盐、胡椒粉、料酒各1小匙，花生油少许。

【做法】　1. 鱼肉撒上盐、料酒和胡椒粉腌一下，黄瓜切块备用。

　　　　　2. 锅中倒入少许油，略煎至鱼肉变金黄后盛起备用。

　　　　　3. 将生菜铺在盘底，依次放上鱼肉、黄瓜块即可。

功/能/解/析/

鱼肉中含有极为丰富的蛋白质，而且容易被人体吸收，还含有大量的不饱和脂肪酸，这些脂肪酸是人体必需的，具有重要的生理作用。搭配凉血的黄瓜，是夏天应该常吃的保健食品。

⊙黄瓜

厨房妙招

黄瓜尾部含有较多的苦味素，应该去掉。

海带炖排骨

功/能/解/析/

此汤菜肉烂脱骨，海带滑烂，含有丰富的蛋白质和钙，可防止人体缺钙，还有降血压的功效，汤鲜味美，是非常易做的家常汤。

【原材料】排骨500克，海带结250克，葱1根，姜1片。

【调味料】八角2粒，盐适量。

【做法】　1. 排骨洗净切小段，海带结泡发洗净备用，葱洗净切段备用。

　　　　　2. 将锅置于火上，注入清水烧沸，放入排骨和海带结，加入姜片、葱段、八角，大火煮沸后改用小火焖煮。

　　　　　3. 待排骨煮至半熟时，放入盐，小火焖至排骨熟烂即可。

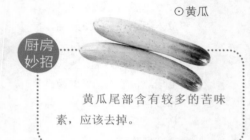
⊙海带结

厨房妙招

建议用比较厚的海带根熬这个汤，通常在超市水产区可以买到已经泡好的海带根。厚厚的海带根煮好后口感粉粉糯糯的，格外好吃。

⊙排骨

多味蔬菜丝

原材料

　　水发海带150克，白萝卜、胡萝卜、彩椒各50克，香菜少许。

调味料

　　料酒、醋、盐各1小匙，白糖少许，麻油适量。

功能解析

　　炎热的夏季，人容易变得没有胃口，这道蔬菜丝由多种食材组成，不但营养丰富，而且酸甜爽口，可开胃助消化。

厨房妙招

　　蔬菜丝可以选择你喜欢的，任意替换。

做法

　　1. 白萝卜、胡萝卜、海带、彩椒分别洗净，切成细丝备用。

　　2. 将锅置于火上，加适量水烧开，将切好的白萝卜丝、胡萝卜丝、海带丝分别放入水中余烫至熟，捞出来沥干水，放入一个比较大的盆中。

　　3. 加入切好的彩椒丝，调入盐、醋、料酒、白糖、麻油，撒上香菜，拌匀即可。

瓜皮海蜇丝

⊙西瓜

⊙彩椒

原材料

西瓜皮1块，海蜇皮200克，彩椒1个。

调味料

花椒、蒜、盐、陈醋、生抽、花生油各适量。

做法

1. 西瓜皮的白瓤切成细丝，放入少许盐腌制。

2. 彩椒切丝，蒜切末备用；海蜇皮切成条，用80℃的水快速焯烫，过凉。

3. 热锅后倒入底油，放入花椒煸香，捞出花椒粒，再放入蒜末煸炒至浅金黄色。

4. 将西瓜皮和海蜇皮倒入碗中，加入彩椒丝，再加一勺陈醋和少许生抽。

5. 最后倒入煸好的蒜油拌匀即可。

①

②

③

④

⑤

⑥

⑦

⑧

功/能/解/析/

海蜇滋阴润肠、清热化痰，搭配西瓜
皮，尤其适宜在夏日里食用。

**厨房
妙招**

为了保持口感爽脆，海蜇氽汤要快
速捞起。

秋季干燥，一到秋天，人们都有这样的感觉，皮肤变得紧绷绷的，甚至起皮脱屑，毛发枯而无光泽，头皮屑增多，口唇干燥或裂口，鼻咽干燥得冒火，大便干结。这种种症状都是由秋季气候变化带来的。中医云『肺主一身之皮毛』，秋季饮食，重在养肺防秋燥。

第三章

Autumn

秋季篇

滋阴润肺，预防秋燥

民间素有"秋老虎"之说，入秋之后，昼夜温差变大，但是白天有时仍然很热，特别是秋后久晴无雨时，暑气更加逼人，这种天气，人更容易生病。按照中医理论，立秋后肺功能开始处于旺盛时期。肺在五行中属金，其性为燥，在志为悲，悲忧易伤肺，肺气虚则机体对不良刺激的耐受性下降，所以在进行自我调养时切不可背离自然规律，要注意内心应平和宁静，保持心情舒畅，切忌悲忧伤感，以顺应秋季收敛之性，平静地度过多事之秋。

1. 清热解暑：清热解暑类食品不能一入秋就从餐桌上撤除。一般来说，此类饮食能防暑敛汗补液，还能增进食欲。因此喝些绿豆汤，或者吃些莲子粥、薄荷粥是很有益处的。

此外，多吃一些新鲜水果蔬菜，既可满足人体所需要的营养，又可补充经排汗而丢失的钾。经过一个长夏后，人们的身体消耗都很大，有许多食品如鸭肉、泥鳅、西洋参、鱼、猪瘦肉、海产品、豆制品等，既有清暑热又有补益的作用，可以放心食用。

2. 滋阴润燥：秋季气候干燥，根据"燥则润之"的原则，应以养阴清热、润燥止渴、清心安神的食品为主，可选用山药、百合、芝麻、蜂蜜、银耳、乳制品等具有滋润作用的食物。秋季空气湿度小，皮肤容易干燥，因此，在整个秋季都应重视水分和维生素的摄入，要多喝开水、淡茶、豆浆、乳制品、鲜榨果汁饮料等，这样可起到益胃、生津的功效。

3. 少辛增酸：中医理论认为，燥是秋天的主气，秋燥之气最容易伤肺，应慎防秋燥。因此，人们每日应适当多饮些白开水、冰糖水等，以滋润脏腑。在饮食上，酸味有收敛肺气的作用，辛味则发散泻肺。秋天宜收不宜散，所以，应尽量少吃辛辣之品，遵守"少辛增酸"的原则，如葱、蒜、姜、茴香、辣椒等要少吃，而柑橘、山楂、苹果、梨、葡萄等新鲜水果可多吃。

4. 养阴补气：秋季进补宜平补，即养阴、生津、润肺、补气。常见的养阴药有枸杞、玉竹、麦冬、玄参，常见的补气药有人参、黄芪、白术、茯苓等。秋季进补要了解自己的体质，有针对性地调养很重要。

TIPS:

金秋是运动锻炼的好时节，但因人体生理活动处于"收"的阶段，阴精阳气处在收敛内养状态，故运动也要顺应这一原则，即运动量不宜太大，以防出汗过多，阳气耗损。中医学主张秋季多进行"静功"锻炼，当然也要进行"动功"锻炼，如练太极拳、五禽戏、八段锦、保健功等。

秋季食材推荐

梨

梨肉香甜可口，肥嫩多汁，有清热解毒、润肺生津、止咳化痰等功效，可生食、榨汁、炖煮或熬膏，对肺热咳嗽、麻疹、老年咳嗽及支气管炎等症有较好的治疗效果，是秋季保健的最佳食品。

葡萄

葡萄营养丰富，酸甜可口，具有补肝肾、益气血、生津液、利小便等功效。生食能滋阴除烦，捣汁加熟蜜浓煎收膏，开水冲服，治疗烦热口渴尤佳。

蜂蜜

蜂蜜具有强健体魄、提高智力、增加血红蛋白、改善心肌功能等作用，久服可延年益寿。在秋天经常服用蜂蜜，不仅有利于神经衰弱、咽炎等疾病的康复，而且还可以防止秋燥对人体的伤害，起到润肺、养肺的作用。

石榴

石榴性温味甘酸，有生津液、止烦渴的作用。凡津液不足、口燥咽干、烦渴不休者，可做食疗佳品。石榴捣汁或煎汤饮，能清热解毒、润肺止咳。

枸杞

枸杞具有解热、治疗糖尿病、止咳化痰等疗效，体质虚弱、常感冒、抵抗力差的人最好每天食用。

甘蔗

蔗汁性平味甘，为解热、生津、润燥、滋养之佳品，能助脾和中、消痰镇咳、治噎止呕，有"天生复脉汤"之美称。

柿子

柿子有润肺止咳、清热生津、化痰软坚之功效。鲜柿生食，对肺痨咳嗽、虚热肺痿、咳嗽痰多、虚劳咯血等症有良效。红软熟柿，可治疗热病烦渴、口干唇烂、心中烦热、热痢等症。

百合

百合是一种非常理想的解秋燥、滋阴润肺的佳品。百合质地肥厚，醇甜清香，甘美爽口，性平、味甘微苦，有润肺止咳、清心安神之功效，对肺热干咳、痰中带血、肺弱气虚、肺结核咯血等症都有良好的疗效。

柑橘

柑橘性凉味甘酸，有生津止咳、润肺化痰、醒酒利尿等功效，适用于身体虚弱、热病后津液不足口渴、伤酒烦渴等症，榨汁或蜜煎，治疗肺热咳嗽尤佳。

木瓜

木瓜味道香甜，同时含有丰富的β-胡萝卜素和维生素C，是天然的抗氧化剂。牛奶炖木瓜或燕窝炖木瓜，口感柔滑，润肺生津，极为适合秋季食用，也是润肤养颜的绝佳甜品。

鸡肉

鸡肉含有丰富的蛋白质，能温中益气、补虚健脾，具有很好的温补功效。加入适量咖喱煮食，可以生津及促进消化，能很好地调理元气，提高秋日免疫力。

芋头

芋头富含淀粉，营养丰富，主要含有蛋白质、钙、磷、铁和多种维生素。它质地软滑，容易消化，有健胃作用，特别适宜脾胃虚弱、患肠道疾病、结核病和正处于恢复期的病人食用，是婴幼儿和老年人的食用佳品。

红薯

红薯含有丰富的淀粉、维生素、纤维素等人体必需的营养成分，还含有丰富的镁、磷、钙等矿物元素和亚油酸等，能保持血管弹性，对防治老年人习惯性便秘十分有效。另外，红薯还是一种理想的减肥食品。

玉米

玉米性平而味甘，能调中健胃，利尿消肿，降脂减肥，主治脾胃不健、食欲不振、水湿停滞、小便不利、水肿、高脂血症，以及冠心病等症。炖汤或煮熟味道都非常不错。

白萝卜

白萝卜能清热化痰、生津止咳、益胃消食，生食可治疗热病口渴、肺热咳嗽、痰稠等症，若与甘蔗、梨、莲藕等榨汁同饮，效果更佳。

莴笋

莴笋有利于维持人体水平衡，对高血压和心脏病患者有很大的好处。此外，秋季爱患咳嗽的人，多吃莴笋叶还可以止咳。

芹菜

芹菜含丰富蛋白质、胡萝卜素，有平肝清热、祛风利湿、降低血压和胆固醇等功效。可以美容减肥，常吃有帮助排便及一定的抗癌效果。

黄鳝

入秋食鳝，不但补身，对人体血糖还有一定的调节作用，烧鳝段、清炖、炒鳝丝、黄鳝粥等均可。

秋季健康菜

⊙雪梨

功/能/解/析/

秋季天高气爽，空气中水分减少，此时人们易出现咽干鼻燥、唇干口渴、咳嗽无痰、皮肤干涩等秋燥症状。梨性微寒味甘，能生津止渴、润燥化痰、润肠通便等，主要用于热病津伤、心烦口渴、肺燥干咳、咽干舌燥，或噎嗝反胃、大便干结、饮酒过多之症，对秋燥症有独特的疗效。

厨房妙招

梨易坏，如果一次购买得比较多，可将鲜梨用2～3层软纸一个一个分别包好，装入纸盒，放进冰箱内的蔬菜箱中保存。

川贝雪梨猪肺汤

原材料

猪肺120克，雪梨1个，川贝母10克。

调味料

盐、鸡精适量。

做法

1. 猪肺洗净切片，放开水中煮5分钟，再用冷水洗净。

2. 将川贝母洗净打碎。雪梨连皮洗净，去蒂和梨芯，梨肉连皮切小块。

3. 锅内烧水，待水开之后将所有物料全部放入，小火煮2小时。

4. 加入适量盐和鸡精调味即可。

果珍脆藕

原材料

嫩藕250克，果珍20克。

调味料

白糖、冰糖各20克，柠檬汁、橙汁各30克。

做法

1. 将嫩藕去皮，切成薄片，放入清水中漂洗，入沸水中余烫，晾凉备用。

2. 盆中放入冰糖、白糖，加入少量开水，制成糖水，待冷却后，再加入果珍、柠檬汁、橙汁兑成柠檬色的汁水。

3. 将藕片放入兑好的汁水中浸泡4小时，取出装盘即可。

功/能/解/析/

从夏入秋，人体的消化功能逐渐下降，肠道抗病能力也减弱，而熟藕对脾胃有益，能健脾补胃、养阴润燥，有养胃滋阴、益血、止泻的功效；燥是秋的主气，易生燥咳，而藕可以清热润肺，所以秋季特别适宜吃藕。

厨房妙招

如果自家种了桂花，可采摘下桂花，去掉杂质之后阴干，然后密封好放在阴凉干燥的位置储存，可用来和莲藕搭配做出香甜的桂花糯米藕。

脆梨烧鸡丁

原材料

梨（青皮）1个，嫩鸡肉250克，甜椒50克，鸡蛋1个。

厨房妙招　鸡丁不能炸太久，要不口感不嫩。

⊙鸡肉

调味料

葱3段，姜1片，高汤1碗，料酒1大匙，水淀粉1大匙，盐、鸡精、植物油各适量。

做法

1. 梨洗净，去皮，对半切开，去核，切成1厘米见方的丁；鸡肉洗净，切成1厘米见方的丁；甜椒去蒂，洗净，切成1厘米见方的丁；鸡蛋磕破一个小孔，取蛋清。

2. 鸡蛋清中调入料酒、盐、鸡精、水淀粉，放入切好的鸡肉丁，搅拌均匀，备用。

3. 取一个空碗，放入葱段、姜片，调入料酒、盐、鸡精、水淀粉，拌匀成汁。

4. 锅内放入适量植物油，烧热，放入鸡丁，炸至呈白色，捞出控净油；锅内留底油，烧热，放入甜椒丁和梨丁，爆炒片刻，调入步骤3中的汁，放入炸好的鸡丁，翻炒均匀即可。

⊙排骨

功/能/解/析/

薄荷含有挥发油，内服
薄荷油可以使中枢神经
系统兴奋，薄荷油外用
能刺激神经末梢的冷感
受器而产生冷感，所以
薄荷可以减少焦虑，还
可以安神静心，搭配润
肺的银耳，与含蛋白质
的排骨一起煲汤，特别
适合秋季润肺去燥。

厨房妙招

洗净的薄荷叶，也
可以搭配青柠檬两片冲
水饮用，厨房可常备。

薄荷蒸排骨

原材料

排骨300克，干薄荷20克，葱花适量。

调味料

生抽、鸡精、盐、白糖、植物油、干淀粉、叉烧酱各
适量。

做法

1. 排骨洗净切段，沥干水分，加入适量生抽、鸡精、盐、白糖、植物油、干淀粉拌匀。

2. 放入切细的干薄荷再拌匀。

3. 腌好后的排骨，再加上叉烧酱拌匀。

4. 加少许水，盖上保鲜膜，用牙签把保鲜膜扎几个孔方便它"透气"。

5. 放入微波炉中，蒸20分钟左右，撒上葱花即可。

橘香排骨

原材料

排骨300克，橘皮20克，干辣椒2个，葱（打结）、姜各5克，青蒜苗10克。

调味料

盐、植物油适量，胡椒粉少许，料酒15毫升。

做法

1. 将排骨洗净浸泡，斩成小段，放入锅内，加清水，用旺火煮至断血，捞出。

2. 将排骨放入砂锅内，放入葱结、姜片、料酒和水，烧开，改用小火煮熟，捞出；橘皮、姜、青蒜苗切成末。

3. 锅内放入精炼油烧至七成热，将排骨放入锅略炒，加入水、料酒、干辣椒、盐烧沸，倒入砂锅内煮沸，改小火炖至酥烂，加入橘皮末、姜末、青蒜苗末、胡椒粉，略煮，出锅装汤盘。

功/能/解/析/

橘皮营养丰富，开胃解腻，烹调排骨时加入少许橘皮，除了能提升营养，还能让口感变得更好。

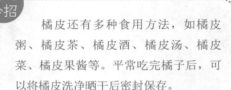

橘皮还有多种食用方法，如橘皮粥、橘皮茶、橘皮酒、橘皮汤、橘皮菜、橘皮果酱等。平常吃完橘子后，可以将橘皮洗净晒干后密封保存。

⊙玉米

功/能/解/析/

玉米味甘性平，具有调中开胃、益肺宁心、清湿热、利肝胆、延缓衰老等功效。松子加玉米是一道特别经典的搭配，颜色鲜艳，营养丰富，特别适合夏末秋初食用。

厨房妙招

这个菜虽然没加一点糖，但由于甜玉米粒和松子的缘故，基本上是甜香味的。加平时炒菜用盐量的一半甚至是1/3，可以让这个菜吃起来更鲜。

松子玉米

原材料

玉米粒200克，松子100克，胡萝卜半根，青豆30克。

调味料

麻油1小匙，盐半小匙，水淀粉1大匙，植物油、麻油各适量。

做法

1. 将玉米粒、青豆洗净后放入沸水中汆烫片刻，捞出；胡萝卜洗净后切丁备用。

2. 将锅置于火上加入植物油烧热，倒入松子翻炒，稍变色即捞出控油。

3. 锅中留少许底油烧热，加入玉米粒、青豆、胡萝卜丁翻炒片刻，调入盐，翻炒均匀后，用水淀粉勾芡，撒上松子，淋入麻油即可。

百合莲藕炒秋葵

原材料

百合50克，秋葵100克，藕1节，木耳、胡萝卜各适量。

⊙莲藕

调味料

葱、姜、蒜、盐、糖、植物油、水淀粉各适量。

① ②

③

④

做法

1. 百合掰成瓣，藕和胡萝卜切片，秋葵切段，葱、姜、蒜切末。

2. 将秋葵段、藕片和百合焯水，水开后捞出备用。

3. 锅中倒入底油，放入葱姜蒜末炒香，放入胡萝卜片煸炒至变色。

4. 将焯好的百合和藕片放进去翻炒，然后放入秋葵继续煸炒。

5. 最后加入盐和适量的糖调味，用水淀粉勾芡即可。

⑤

⑥

⑦

⑧

功/能/解/析/

常言道：荷莲一身宝，秋藕最补人。秋令
时节，天气干燥，吃这道菜能起到养阴清
热、润燥止渴、清心安神的作用。

厨房
妙招

清炒过程中可以放入适量的糖来提味。

百合炒鸡蛋

原材料

鸡蛋2个，鲜百合200克，菠菜100克，小葱1段。

调味料

盐、味精、胡椒粉、植物油各适量。

做法

1. 鲜百合择洗干净，用开水烫一下捞出；葱洗净切末；菠菜洗净备用；鸡蛋打入碗里。

2. 在鸡蛋中分别放入适量盐、味精、胡椒粉搅拌均匀。

3. 锅中入油，炒香鸡蛋，盛出备用。

4. 另起锅，放入适量油，待油烧至五成热时，放入葱末炒香，加入百合和菠菜翻炒几下，下入鸡蛋拌炒均匀，加入盐、味精调味即可。

功/能/解/析/

百合除含有淀粉、蛋白质、脂肪、钙、磷、铁、维生素、泛酸，以及胡萝卜素等营养素外，还含有一些特殊的营养成分，如多种生物碱。这些成分综合作用于人体，不仅具有良好的营养滋补之功效，还对秋季气候干燥引起的多种季节性疾病有一定的防治作用。

厨房妙招

菠菜也可以用小油菜等青菜代替。

功/能/解/析/

鲜百合含黏液
质，具有润燥清
热作用，中医用
之治疗肺燥或肺
热咳嗽等症，所
以百合非常适宜
秋季食用。

厨房
妙招

　　百合有点苦，
焯水可以减少一
点苦味，也更容
易熟。

木耳西芹炒百合

原材料

　　黑木耳150克，西芹100克，鲜百合
100克。

调味料

　　姜片、葱段、盐、味精、水淀粉、
色拉油各适量。

做法

　　1. 黑木耳发泡洗净，西芹去筋切成菱
形，鲜百合洗净备用。

　　2. 锅内放水烧开，加少许盐和色拉油，
放入黑木耳、西芹、百合煮10秒，出锅沥干
水分。

　　3. 炒锅置火上，放油烧热，放入姜片、
葱段炸香后，放黑木耳、西芹、百合，加
盐、味精调味，最后用水淀粉勾芡即可。

功/能/解/析/

南瓜性味甘、温，归脾、胃经，有补中益气、清热解毒的功效；玉米中粗纤维多，食后宽肠，可消除便秘，有利于肠胃的健康；排骨含丰富的蛋白质等营养素，适合各个季节进补，三者搭配，营养利用更充分。

⊙南瓜

玉米南瓜炖排骨

原材料

排骨300克，玉米1根，老南瓜200克。

调味料

盐、酱油、料酒、白糖、醋各适量。

厨房妙招

在炖排骨的时候，先氽烫，去掉浮沫，可令汤色清亮。

⊙玉米

做法

1. 老南瓜去瓤去皮，切成小块；玉米棒子先切成圆片，再剁成两片。

2. 排骨用水冲洗干净，入沸水锅氽烫，捞出沥水待用。

3. 炒锅置火上，放油烧热，放入所有调味料，至冒泡黏稠，放入烫好的排骨，翻炒5分钟，外皮均匀上色，然后加入2～3倍的热水，盖上盖小火炖煮。

4. 大约50分钟后，放入玉米和南瓜，继续炖煮15分钟，至排骨酥烂，玉米香熟，南瓜变色呈糊状，开盖收汤汁即可。

蜜烧红薯

原材料

红薯500克，蜂蜜100克。

调味料

冰糖50克。

做法

1．首先将红薯清洗干净，去皮，切掉两头，再切成约1厘米粗的寸条。

2．接着在锅里加入200克的清水，放入冰糖并加热将其融化，然后加入红薯和蜂蜜。

3．待烧沸后，先撇去浮沫，再改用小火焖熟。

4．等汤汁黏稠时，先夹出红薯条，摆盘，再浇上原汁即可食用。

功/能/解/析/

红薯不仅含有蛋白质和多种维生素，还具有大量的纤维素，有顺肠排毒的功效，蜂蜜可以润肺生津，这道点心合二者营养，特别适合秋季食用。

厨房妙招

做这道点心，红薯的选择很重要，最好是红心的，白心的味道要稍差点。

⊙红薯

红薯小·窝头

原材料

红薯400克，胡萝卜200克，藕粉100克。

调味料

白糖适量。

做法

1. 将红薯、胡萝卜洗净后蒸熟，取出晾凉后去皮，挤压成细泥。

2. 在红薯和胡萝卜泥中加入藕粉和白糖拌匀，切小团，揉成小窝头。

3. 大火蒸约10分钟后取出，装盘即可。

功/能/解/析/

中医认为胡萝卜性温、味甘、性平，具有健脾消食、补肝明目、清热解毒、降气止咳的功效，红薯有顺肠通便、清热排毒的功效，这道点心好吃，更营养。如果家里没有藕粉，可用面粉代替。

厨房妙招

从市场上买回的红薯最好放在太阳下晒几个小时，以减少裂口水分，促使愈合，在取用时，要轻拿轻放，这样可以保存更长时间。

芹菜牛肉末

原材料

芹菜200克，牛肉50克，葱花、姜末各少许。

调味料

淀粉10克，料酒、酱油、植物油各适量，盐少许。

做法

1. 将牛肉除去筋膜，洗净，剁成肉末，加入淀粉和少许酱油、料酒，拌匀，腌10分钟左右。芹菜洗净，斜刀切成小段，放入开水锅中氽烫一下捞出，沥干水备用。

2. 锅中加油烧热，下入葱、姜炒香，再下牛肉末，急火快炒至八成熟，盛出备用。

3. 锅中留底油烧热，下入芹菜，加盐炒匀，加入牛肉末，一起用大火快炒几下，再加入适量酱油和料酒，翻炒均匀即成。

功/能/解/析/

芹菜中含有具有特殊香味的挥发性芳麻油，可以帮助增进食欲，促进消化，对增进营养吸收大有好处，搭配富含蛋白质的牛肉，可以补充身体所需营养，维持正常的生理机能，增强身体抵抗力。

厨房妙招

炒制前，将芹菜放入沸水中焯烫后要马上过凉，除了可以使成菜颜色翠绿，还可以减少炒菜的时间，减轻油脂对芹菜的"侵害"程度。

⊙莲子

功/能/解/析/

百合有很高的药用价值，有清热解毒、理脾健胃、利湿消积、宁心安神、促进血液循环等功效，主治劳嗽、咳血、虚烦惊悸等症，对医治肺络疾病和抗衰老有特别功效。秋季宜多吃百合，搭配莲子和瘦肉，养心润肺。

厨房妙招

水最好一次放足，不要在中途添水。

莲子百合煨瘦肉

原材料

猪瘦肉250克，莲子50克，百合50克，葱白、生姜各适量。

调味料

料酒、盐各适量。

做法

1. 莲子洗净，去莲芯；百合洗净，掰成瓣。

2. 猪瘦肉洗净，切块，放入沸水锅中氽烫后捞出。

3. 将莲子、百合、猪瘦肉块一起放入砂锅中，加适量清水，放入生姜、葱白，大火烧沸，撇去浮沫，加料酒、盐，小火煨1小时左右，加盐调味，起锅装碗即可。

豆腐蒸白萝卜

原材料

豆腐1块，白萝卜半根，海苔（或海带）丝、面粉各少许。

调味料

姜汁1小匙，酱油1大匙，白糖1小匙。

做法

1. 将豆腐切成8小块，沾上面粉；白萝卜洗净，入蒸锅中蒸熟后搅拌成泥状。

2. 酱油、姜汁、白糖和适量清水兑成汁。

3. 豆腐上放少许白萝卜泥，淋上调好的汁，加少许海苔丝，上蒸锅蒸10分钟即可。

功/能/解/析/

民间说"十月萝卜小人参"，说明白萝卜在秋季的营养是最佳的。白萝卜性平微寒，具有清热解毒、健胃消食、化痰止咳、顺气利便、生津止渴、补中安脏等功效。白萝卜中维生素C的含量比一般水果还多，它所含的维生素A、B以及钙、磷、铁等也较丰富，搭配富含蛋白质和钙质的豆腐，可以使营养更丰富，这道菜老少皆宜。

⊙白萝卜

厨房妙招

挑选白萝卜要看须是不是直，大多数情况下，须直的白萝卜更新鲜；反之，如果白萝卜根须部杂乱无章，分叉多，就有可能是糠心白萝卜。

干煸泥鳅

原材料

泥鳅250克。

调味料

姜、蒜、辣椒、盐、料酒、老抽、植物油各适量。

做法

1. 泥鳅用清水养几天，让它们吐出脏物，洗净待用。

2. 姜切成丝，蒜切成末，辣椒切段。

3. 把泥鳅倒入锅中，立马盖上盖，开火，开盖后下油煎至有点焦香味，铲起备用。

4. 另起锅，热锅下油，依次下姜丝、蒜末、辣椒段，加少许盐煸出香味。

5. 然后把煎好的泥鳅入锅，加2勺料酒、1勺老抽、适量盐一起煸炒一会儿即可。

⊙葱、蒜、辣椒

功/能/解/析/

秋季吃泥鳅可以起到清热祛湿的效果，坚持食用5天左右就会起到明显的功效。

⊙泥鳅

厨房妙招

泥鳅要冷锅下，盖好盖子后开火。

毛豆烧鸭

⊙毛豆

原材料

鸭腿2只，毛豆100克。

调味料

料酒、姜、葱、蒜、花椒粒、郫县豆瓣酱、八角、茴香、香叶、老抽、盐、味精、植物油各适量。

做法

1. 毛豆剥皮，洗净；鸭腿洗净，剁成小块，同姜丝、料酒、郫县豆瓣酱拌匀腌约20分钟，让其入味并且去腥味。

2. 干锅烧热，将腌入味的鸭肉倒入翻炒，收水，铲出待用。

3. 油烧热，加入姜、葱、蒜、花椒粒，翻炒一下，倒入鸭肉翻炒一会儿，加开水至淹没鸭肉大火烧开，然后分别加入八角、茴香、香叶、老抽转中小火煮约20分钟。

4. 倒入毛豆大火烧开，转中小火烧至毛豆熟后，放入盐、味精起锅。

功/能/解/析/

这道毛豆烧鸭不仅营养全面，而且味道鲜美浓郁，是很适合秋季食用的美食。

厨房妙招

鸭子宰杀后，把鸭子的全身用冷水淋湿，然后放入热水中烫。这样做，鸭子烫得比较均匀，不会出现有些部位尚未烫好，鸭毛拔不下来，而有些部位又烫得过熟，拔毛时连鸭皮也一块扯下来。

红烧冬瓜

⊙冬瓜

原材料

冬瓜400克。

调味料

姜1片，葱2根，甜面酱1大匙，酱油1大匙，水淀粉1大匙，高汤1碗，白糖、盐各适量。

功/能/解/析/

冬瓜适合秋季食用，可润肺健脾，开胃生津。

厨房妙招

高汤最好一次加足，这样成品的口味较好。高汤以没过菜为宜，烧至冬瓜软烂就可以了。

做法

1. 冬瓜去皮、去瓤、去籽，洗净，切成3厘米长、1厘米宽的长方块；姜洗净，切成末；葱洗净，切成末。

2. 锅置火上，放油烧热，放入葱末、姜末、甜面酱，爆至出香，再放入冬瓜、酱油、白糖、适量高汤，烧开后转小火。

3. 至冬瓜块熟烂，勾芡，淋上适量葱油，拌匀即可。

黄花菜泥鳅汤

原材料

泥鳅200克，黄花菜50克，香菇5朵，胡萝卜半根，生姜1块。

⊙泥鳅

调味料

盐、植物油各适量，料酒1小匙。

做法

1. 泥鳅宰洗干净；黄花菜切去头尾；胡萝卜去皮，洗净，切花；香菇、生姜洗净，切片。

2. 锅置火上，放油烧热，放入姜片、泥鳅煎至金黄，下入料酒，加入开水煮10分钟。

3. 加入黄花菜、香菇片、胡萝卜花再滚片刻，调入盐即可。

功/能/解/析/

秋季万木凋零，容易让人产生悲秋的负面情绪。黄花菜被人称为"忘忧草"，经常食用可以帮助我们解郁、安神，调节低落的情绪，缓解因情绪起伏引起的失眠等不适。

厨房妙招

鲜黄花菜中含有秋水仙碱，会引起中毒，但秋水仙碱经过开水烫及晾干之后就会损失很多，不会引起中毒，所以黄花菜要选择干品。

冬季气候寒冷，万物敛藏，人体新陈代谢减慢，同时对热量需求增加。因此，冬季饮食要注重补，一方面补能量，另一方面补气血，只有冬季补好了，来年才能身体强健，精力充沛。

第四章

Winter

冬季篇

冬季调养重在"藏"

冬季饮食更重要

冬季，天气逐渐寒冷，草木凋零，蛰虫伏藏，万物活动趋向休止，处于冬眠状态，但人的生活压力并未减少，仍然早起晚睡紧张工作。对寒冷的抗御能力不断减弱，往往使人因寒冷而觉得不适，而且有些人由于体内阳气虚弱而特别怕冷，引起大脑皮层机能障碍，血管收缩，局部血液供应减少，体温调节发生障碍，慢性病患者病情加重甚至发生意外。如何度过冬季，不但与生活起居相关，饮食调养更是重中之重。

1. 御寒抗病。在冬季要适当用具有御寒功效的食物进行温补和调养，以温养全身组织，增强体质，促进新陈代谢，提高人体防寒的能力，维持机体组织正常功能，抗拒外邪，减少疾病的发生。

2. 养阴藏阳。从大自然的阴阳变化来说，冬天是一年中阴气最浓的季节。因为一年之中，春夏是阳长阴消的时期，就是说春夏天气以"阳长"为主，所以春夏应养阳；而秋冬是阴长阳消的时候，就是说秋冬以"阴长"为主，所以秋冬应养阴。阴虚的人应借此机会养阴以调整恢复人体的阴阳平衡。冬季养阴，可以到水边、树林等清雅处，做几组深呼吸。另外，可以每天喝3杯清水，水为阴中之至阴，喝水最养阴。

冬季，处于一年之末，天寒地冻，朔风凛冽，万物生机隐伏，所以，《黄帝内经》中说："冬三月，此谓闭藏。"冬季在人体应于肾脏，肾脏是人体阳精阳气之本，冬令阳气潜藏于内，阴精固守充盛，是"养精蓄锐"的大好季节。所以我们更要注意避寒保暖，穿着上要去寒就温，起居上要早卧晚起，运动要以静为主，少做剧烈的运动，尽量减缓人体的新陈代谢，减少肾精的消耗。精神上要平和，使情志藏而不露，勿大嗔大悲大喜，使志若伏若匿。

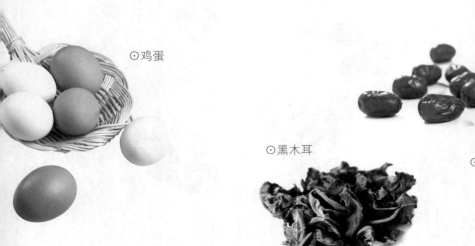

⊙鸡蛋

⊙黑木耳

⊙红枣

3. 养精保肾。人体衰老的快慢与寿命的长短在很大程度上由肾气的强弱决定。《黄帝内经》指出："精者，生之本也。"精气是构成人体的基本元素，其充坚与否，亦是决定人们能否延年益寿的关键。精气流失过多，会有碍"天命"。冬天气温较低，而肾又喜温，肾虚之人通过膳食调养，其效果较好。

《黄帝内经》称，"冬三月，早卧晚起，必待日光"，意思是说冬天日照时间短，天地闭藏，早晚寒气重，宜早睡晚起。早睡可保持身体温暖，以养身体阳气；晚起可避日出前之严寒，以养身体阴气。在寒冷的冬季，保证充足的睡眠时间，早睡晚起有利于人体阳气的潜藏和阴精的积蓄，以达到"阴平阳秘，精神乃治"的健康状态。

⊙红薯粥

三九补一冬，来年无病痛

俗话说得好，"三九补一冬，来年无病痛"，冬季肠胃消化吸收力强，食用补品易蓄存收藏，健身效果好，是进补的好时机。

在饮食上，冬季饮食调养的基本原则应该是以"藏热量"为主，因此，冬季宜适当多吃含热能高、营养丰富的食品，如羊肉、牛肉、鱼、虾、鸡、禽蛋等，其他如豆类、黑木耳、香菇、核桃、大枣、姜、辣椒也要多吃，或喝些营养丰富的热汤。同时，还要遵循"少食咸，多食苦"的原则。因为冬季为肾经旺盛之时，而肾主咸，心主苦，当咸味吃多了，就会使本来就偏亢的肾水更亢，从而使心阳的力量减弱。所以，应多食些苦味的食物，以助心阳。冬季饮食切忌黏硬、生冷食物，因为此类食物易使脾胃之阳气受损。

深冬晨起喝碗热粥是调养之道，如养心除烦的麦片粥、补肺益胃的山药粥、养阴固精的核桃粥、健脾养胃的茯苓粥、益气养阴的大枣粥、调中开胃的玉米粥、滋补肝肾的红薯粥等。

TIPS:

古今养生家都重视冬练"三九"。风雪练精神，又练体魄，可增强抗寒防病能力，防止"冬胖"，可选择步行、慢跑、拳剑、气功、健身操、羽毛球等项目。晨练不宜太早，以太阳初升之时为宜，以身体微热不出大汗为度。锻炼中须预防感冒、冻伤或宿疾复发。

冬季食材推荐

羊肉

羊肉较牛肉的肉质要细嫩，容易消化，高蛋白、低脂肪、含磷脂多，较猪肉和牛肉的脂肪含量都要少，胆固醇含量也少，是冬季防寒温补的美味之一，可收到进补和防寒的双重效果。

生姜

生姜可驱寒利血通络。《本草纲目》记载："生姜，归五脏，除风邪寒热、伤寒头疼鼻塞、咳逆上气，去水气满，疗咳嗽时疾。久服去臭气，通神明。"

黑米

黑米具有补血益气、健肾润肝、收宫滋阴之功效，特别适合孕产妇和康复期病人食用，具有良好的效果。《本草纲目》记载黑米有"滋阴补肾、健脾暖肝、明目活血"的作用。

牛肉

牛肉富含蛋白质，氨基酸组成比猪肉更接近人体需要，能提高机体抗病能力，对生长发育及术后、病后调养的人在补血、修复组织等方面有良效，寒冬食牛肉可暖胃。

鲫鱼

鲫鱼肉味鲜美，营养全面，所含的蛋白质质优、齐全，易于消化吸收，是肝肾疾病、心脑血管疾病患者的良好蛋白质来源，常食可增强身体抗病能力。

大白菜

大白菜有养胃生津、除烦解渴、利尿通便、清热解毒之功。冬季空气干燥，寒风对人的皮肤伤害很大，大白菜中含有丰富的维生素C和维生素E，多吃大白菜，可以起到很好的护肤和养颜效果。

黑豆

黑豆是一种有效的补肾品。根据中医理论，"黑豆乃肾之谷"，《本草纲目》中记载："黑豆入肾功多，故能治水、消肿下气。"黑豆不仅形状像肾，还有补肾强身的功效。

黑芝麻

黑芝麻在乌发养颜方面的功效有口皆碑，因为黑芝麻有补肝肾、润五脏的作用，可用于治疗肝肾精血不足所致的须发早白、脱发以及皮燥发枯、肠燥便秘等症。

乌鸡

乌鸡性平、味甘，是营养价值极高的滋补品，含丰富的黑色素、蛋白质、B族维生素等，具有滋阴清热、补肝益肾、健脾止泻等作用，是补虚劳、养身体的上好佳品。

桂圆

桂圆性热，对人体有很重要的滋补作用，除了含有丰富的微量元素之外，还可以补血养心，尤其适合冬季食用，可补血暖身。

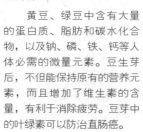

豆芽菜

黄豆、绿豆中含有大量的蛋白质、脂肪和碳水化合物，以及钠、磷、铁、钙等人体必需的微量元素。豆生芽后，不但能保持原有的营养元素，而且增加了维生素的含量，有利于消除疲劳。豆芽中的叶绿素可以防治直肠癌。

红枣

中医认为，红枣性味甘温，能补中益气、养血安神，是冬季上佳的滋补品。它富含铁元素，可促进血液循环，病后体弱、贫血患者以及冬季手脚冰凉的女性都适合用红枣调理身体。

冬季健康菜

葱爆羊肉

⊙大葱

【原材料】羊肉(后腿) 250克，大葱 150克，大蒜5瓣。

【调味料】麻油、姜汁各1小匙，酱油、料酒各1大匙，食盐、植物油适量。

【做法】
1. 将羊肉去筋切成薄片，大葱去葱叶留用葱白洗净切滚刀段，蒜去皮洗净剁成蒜米。
2. 锅中放油烧热，下入肉片煸炒至变色，加入食盐、料酒、姜汁、酱油煸至入味。
3. 放入葱白、蒜米，淋入麻油即成。

⊙羊肉

功/能/解/析/

羊肉有补中益气、暖胃助阳的功效，适宜冬季食用，可御寒抗病。

厨房妙招

羊肉大热，醋性甘温，与酒性相近，两物同煮，易生火动血，因此羊肉汤中不宜加醋。

当归羊肉汤

【原材料】羊肉300克，当归15克，黄芪30克，红枣10颗，生姜3片。

【调味料】冰糖、盐、味精各适量。

【做法】
1. 将生姜、当归、黄芪洗净沥干水分，红枣洗净去核。
2. 羊肉洗净切成小块，用开水焯一下，除去血沫。
3. 将准备好的羊肉块放入盛有适量清水的锅内，然后放入生姜、当归、黄芪用小火煲3个小时。
4. 放入红枣，再加入适量的冰糖、盐、味精，再用文火煮15分钟即可。

功/能/解/析/

羊肉有补中益气、暖胃助阳的功效，当归、黄芪、红枣都有补血养血的功效，适合冬季食用，尤其适合女性经期食用。

⊙当归

⊙黄芪

⊙红枣

厨房妙招

羊肉大补，但是有些人不喜欢羊肉的膻味，可以在吃时加蒜及稀辣椒少许（辣椒油或者辣椒面和水搅拌成的稀糊），膻气可减少。

核桃炒虾仁

⊙虾仁

原材料

核桃肉、鲜虾各150克，荷兰豆80克。

调味料

姜丝、盐、植物油适量。

做法

1. 核桃肉放开水中加适量盐煮5分钟，捞起控干水分。

2. 鲜虾去壳，去虾线，洗净后沥干水分；荷兰豆洗净。

3. 起锅热油，下姜丝炒香，放入虾仁略炒，加核桃仁和荷兰豆，炒熟下盐调味即可。

⊙核桃肉

功/能/解/析/

中医自古就把核桃称为"长寿果"，认为核桃能补肾健脑，补中益气，润肌肤，乌须发。核桃仁所含的脂肪，具有很高的热量，冬季吃可以帮助御寒。

厨房妙招

核桃含油脂多，且多吃易上火，有上火、腹泻症状的人不宜吃。

芝麻牛肉

原材料

鲜牛肉1000克，熟芝麻150克。

调味料

熟花生油100克，麻油4克，白糖120克，精盐、味精、花椒、八角各适量。

做法

1. 将牛肉洗净，放入锅内，用文火煮至熟透，捞出晾凉。

2. 将牛肉切成细条，放入锅内，加入清水，放入花椒、八角（均装纱袋内）、精盐、花生油，烧沸后转文火收汁。

3. 烧至汤汁将干时，加入白糖、味精，继续用文火收干水气，拣去香料袋，出锅晾凉，加入熟芝麻、麻油，拌匀即可。

功/能/解/析/

从营养学的角度来说，牛肉中含有丰富的铁和B族维生素。铁是造血必需的矿物质，缺乏铁质很可能导致缺铁性贫血，出现畏寒怕冷。另外，冬天吃牛肉可以帮助我们增强免疫力。

厨房妙招

收汁最好用小火，用大火收汁会使得汤汁很快炖干，食物不够入味。

⊙冬笋

功/能/解/析/

鲫鱼含丰富的蛋白质，肉质细嫩，肉味甜美，与香菇和冬笋完美结合，不但能为人体补充更丰富的优质蛋白质、碳水化合物、微量元素，而且口感也会更好。

厨房妙招

　　如果煎鱼时鱼皮容易粘锅破皮的话，可以将鱼先用厨房纸巾擦干水分，均匀地拍上薄薄的一层面粉，然后大火热油把鱼放入，最后用中火煎黄。

烧鲫鱼

原材料

　　鲫鱼500克，干香菇5朵，冬笋50克。

调味料

　　盐、料酒、植物油、姜丝、葱花各适量。

做法

　　1. 鲫鱼去鳞、鳃、内脏，洗净，加料酒、盐、葱花、姜丝拌匀腌制。

　　2. 干香菇用温水泡软，去蒂洗净，切成片；冬笋去皮洗净，切片。

　　3. 将鲫鱼置于盘中，香菇片、笋片平铺在鱼身上，放姜丝、葱花，上笼用旺火蒸约15分钟，用热油淋浇在鱼身上即成。

黄瓜木耳炒猪肝

原材料

猪肝150克，黄瓜1根，木耳3朵，葱、姜、蒜末各少许。

调味料

淀粉、水淀粉各1大匙，料酒、酱油各半大匙，盐、味精、白糖各少许，高汤、植物油适量。

做法

1. 猪肝洗净，切成片，用淀粉、少许盐拌均匀；黄瓜洗净，切成片；木耳泡发后择洗干净，撕成小朵。

2. 起锅热油，将猪肝放入，用筷子轻轻搅散，待八成熟时，倒入漏勺中沥干。

3. 另起锅热油，放入葱、姜、蒜末和黄瓜、木耳稍炒几下。

4. 将猪肝回锅，迅速洒上料酒、酱油、盐、白糖、味精、高汤，用水淀粉勾芡，翻炒均匀即成。

功/能/解/析/

这道菜味美爽口，能够帮助增强食欲，同时还含有丰富而全面的营养，可以预防贫血，补充维生素A。

厨房妙招

炒猪肝不要一味求嫩，否则，既不能有效去除猪肝中残留的毒素，又不能杀死病菌和寄生虫卵。

麻油鸡块

⊙鸡腿

原材料

鸡腿4个。

调味料

蒜、姜、麻油、植物油、米酒、白糖、盐各适量。

做法

1. 鸡腿洗净，斩成块状；姜切成片；蒜头拍扁去皮。

2. 烧热3汤匙油，放入蒜瓣以小火煎至金黄色，放入姜片炒香，倒入鸡块大火爆炒2分钟。

3. 注入1碗清水煮沸，加入2汤匙豆油、3汤匙麻油、2汤匙米酒、1/3汤匙白糖和1/5汤匙盐炒匀。

4. 加盖小火炖煮15分钟，开大火收至汤汁近干即可。

功/能/解/析/

鸡肉是滋补佳品，具有滋阴清热、补肝益肾、健脾止泻等作用，特别适合冬季进补。

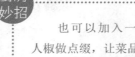

厨房妙招

也可以加入一些美人椒做点缀，让菜品更好看，更有食欲。

⊙乳鸽

红烧乳鸽

功/能/解/析/

乳鸽能调精益气，养阴润燥，具有人体必需的氨基酸、微量元素和优质蛋白质，桂圆、红枣都是补气养血的，这道菜兼具滋补养颜的功效。

【原材料】乳鸽2只，柿子椒100克，香菜20克，桂圆2粒，红枣干2粒，八角、花椒、干红辣椒、葱、姜、蒜各适量。

【调味料】料酒1大匙，盐、生抽、植物油各适量。

【做法】 1. 乳鸽洗净，切成小块，锅内放入适量水，将葱、姜、蒜、八角、红枣、桂圆、料酒放入水中，加入切好的乳鸽，煮沸撇去血沫。

2. 柿子椒切成块，香菜切成段，备用。

3. 将煮好的乳鸽捞出，沥干水分。

4. 起锅热油，爆香干红辣椒、花椒，放入乳鸽块爆炒。

5. 加入柿子椒翻炒至变软，加盐、生抽调味。

6. 加入香菜，盛盘出锅即可。

厨房妙招

乳鸽去毛后，用沸水加料酒氽烫，可以去除血污和腥膻味。

洋葱炒鸡蛋

功/能/解/析/

洋葱营养丰富，且气味辛辣，能增进食欲，促进消化，鸡蛋富含蛋白质，两者搭配，口感更好，营养加倍。

【原材料】洋葱2个，鸡蛋2个，花椒半小匙。

【调味料】盐1小匙，酱油1小匙，麻油少许，植物油适量。

【做法】 1. 洋葱切丝，鸡蛋打散搅匀。

2. 油烧至八成热，倒入鸡蛋快速翻炒，盛出。

3. 另用适量油，放入花椒炒出香味，捞出花椒。

4. 随即加入洋葱丝煸炒，放入盐、酱油和适量水，汁烧开后，加入鸡蛋炒匀，淋上麻油即可。

⊙鸡蛋

⊙洋葱

厨房妙招

切洋葱时，提前把洋葱放冰箱里冷藏，或者把洋葱放在冷冻室里冻几分钟，再拿出来切，就不会辣眼睛了。

糖醋大白菜心

原材料

大白菜心200克，葱白10克。

调味料

白糖1大匙，醋1大匙，麻油少许。

做法

1．大白菜心洗净，切丝；葱白切丝。

2．大白菜心放入盘中，上面铺上葱丝，撒上白糖，淋醋、麻油拌匀即可。

功/能/解/析/

大白菜是当之无愧的冬日第一菜，它富含膳食纤维，能起到润肠通便的作用。同时，大白菜除含糖、脂肪、蛋白质、粗纤维、钙、磷、铁、胡萝卜素、尼克酸外，还含丰富的维生素，其维生素C、核黄素的含量很高；微量元素锌的含量高于肉类。对于冬季容易上火的人，多吃大白菜有清火作用。

厨房妙招

生拌大白菜心一定要洗净，以免带有虫卵。

⊙大白菜

枸杞蒸鸡

⊙枸杞

原材料

净母鸡1只（1000克左右），枸杞15克，葱20克，姜10克。

调味料

料酒2大匙，盐1小匙，高汤适量，胡椒粉少许。

做法

1. 将母鸡洗净，放入沸水锅中汆烫透，捞出过一遍凉水，沥干水备用。葱、姜洗净，葱切段，姜切片备用。枸杞洗净备用。

2. 将枸杞装入鸡腹中，腹部朝上放入碗中，加入葱段、姜片、料酒、高汤、胡椒粉，上笼大火蒸2小时左右。

3. 拣去姜片、葱段，加盐调味即可。

⊙鸡肉

功/能/解/析/

鸡肉和枸杞都有补益气血、滋养精气的作用，两者搭配，对肾阴虚引起的神疲乏力有很好的食疗作用。

厨房妙招

选购枸杞，其实并不是颜色越红越好，而要颜色有点儿发黑，因为枸杞在自干的过程中，由于风化失水，颜色会有变黑的现象。

银牙牛肉

原材料

牛里脊400克，绿豆芽300克。

调味料

蒜末、葱花、酱油、醋、淀粉、盐、麻油、姜粉、植物油各适量。

做法

1. 绿豆芽掐头去尾，在开水中汆烫一下；牛里脊切丝，加少量盐、淀粉、麻油、姜粉腌制一下。

2. 热锅中放油，倒入牛肉丝快速炒至八成熟后盛出来。

3. 锅中留底油，加入葱花、蒜末爆香，加入豆芽翻炒。

4. 倒入炒好的牛肉丝，加盐、酱油、醋调味后出锅。

功/能/解/析/

冬季寒冷干燥，牛肉能量足，能帮助抵御寒冷；豆芽可消积滞、化痰热，预防冬季上火。

厨房妙招

好的牛肉呈均匀的红色，具有光泽，脂肪洁白或呈乳黄色，选购时注意分辨。

⊙牛肉

⊙牛肉

榨菜蒸牛肉片

【原材料】牛肉（肥瘦各一半）200克，榨菜 50克。

【调味料】酱油2小匙，盐、淀粉、红糖、白糖各1小匙，胡椒粉、色拉油各适量。

【做法】
1．牛肉洗净，切成3厘米见方、0.5厘米厚的片备用。将榨菜用清水淘洗几遍，切成碎末备用。

2．将牛肉片放入碗中，加入酱油、盐、红糖、淀粉、色拉油、胡椒粉及10毫升凉开水，搅拌均匀，腌制10分钟左右。

3．将榨菜末用白糖拌匀，拌入牛肉片中。

4．蒸锅加水烧开，将盛牛肉片的碗放入笼屉中，蒸15分钟左右即可。

⊙榨菜

功/能/解/析/

这道菜口味咸鲜，营养丰富，能够给身体补充丰富的蛋白质、维生素、铁、钙、磷、钾、锌、镁等营养物质，还可以调理气血，补虚养身，增强人体抵抗疾病的能力。

厨房妙招

腌好的榨菜一般都会很咸，在烹调前，用清水浸泡并淘洗，可令成菜口感更好。

冬笋炒香菇

【原材料】冬笋250克，香菇50克。

【调味料】植物油适量，盐和麻油各少许。

【做法】
1．香菇去掉根茎后，洗净泥沙，用温水泡透，切成丝；冬笋去硬壳洗净切成丝。

2．锅置火上，放油烧热，放入香菇丝、冬笋丝，翻炒至熟。

3．最后加入少许盐，出锅后淋入麻油即可。

功/能/解/析/

冬笋除含有丰富的植物蛋白、脂肪、糖类外，还含有大量的胡萝卜素、维生素，是一种多纤维素食物，搭配香菇，不但味道更鲜美，营养也更丰富，有顺肠排毒的功效。

⊙香菇

⊙冬笋

厨房妙招

如果香菇比较干净，则只要用清水冲净即可，这样可以保存香菇的鲜味。

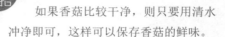

83

⊙大白菜

⊙牛奶

奶汁白菜

【原材料】大白菜250克，火腿15克。

【调味料】高汤小半碗，鲜牛奶2大匙，盐、鸡精、水淀粉、麻油、植物油各适量。

【做法】　1．大白菜洗净，切成4厘米长小段备用。火腿切成碎末备用。

　　　　　2．锅内加入植物油烧热，放入大白菜，用小火缓慢加热至大白菜变干后捞出。

　　　　　3．另起锅放入高汤、鲜牛奶、盐烧沸，倒入大白菜烧3分钟左右。

　　　　　4．用水淀粉勾芡，撒入火腿末，加入鸡精后淋少许麻油装盘即可。

功/能/解/析/

冬季的大白菜尤为甜美，这道菜鲜嫩爽口，可以补虚损、润肠道、益脾胃。

厨房妙招

选购大白菜的时候要注意，好的大白菜会让人有一种比较沉实的手感，这种大白菜结实而且味道也很甘甜。

⊙鸡蛋

⊙海米

涨蛋

【原材料】鸡蛋4个，海米15克，猪肉10克，冬笋10克，青豆10克。

【调味料】清汤半碗，花椒10粒，水淀粉、料酒各1大匙，盐、鸡精各少许，植物油适量。

【做法】　1．将猪肉洗净，放入锅中煮熟，捞出沥干水，切成0.4厘米见方的小丁备用。将海米用温水泡发，剁成碎末。冬笋洗净，切成丁备用。

　　　　　2．鸡蛋打入碗中，加入一小半清汤、猪肉、海米、冬笋丁、盐、料酒（1小匙），搅拌均匀。

　　　　　3．锅内加入油烧热，放入花椒炸出花椒油备用。

　　　　　4．取适量熟油均匀地涂抹在平底锅上，倒入鸡蛋液，用小火煨3分钟左右，取出切成2厘米宽、4厘米长的斜块，放入盘中，撒上青豆。

　　　　　5．锅内加入清汤，用水淀粉勾芡，加入剩下的料酒、鸡精，淋上花椒油，浇在蛋上即可。

功/能/解/析/

这道菜味道鲜美，营养丰富，蛋黄中的卵磷脂可促进肝细胞的再生，可以帮助人体增强肌体的代谢、免疫功能，在寒冷的冬季可以提升抗病能力。

厨房妙招

鸡蛋营养丰富，上班族如果想要吃得更营养，早餐吃上1～2个水煮鸡蛋，对身体也很有好处。

海带烧黄豆

原材料

黄豆50克，海带20克，香菇20克，彩椒丝少许。

调味料

酱油1大匙，红糖、盐1小匙，彩辣椒2个。

⊙海带

功/能/解/析/

这道菜中含有丰富的碘和蛋白质，对中枢神经系统和大脑的发育有很好的促进作用。香菇有提升身体免疫力的功效，可以帮助人体预防感冒，增强身体的抵抗力。

厨房妙招

将香菇洗净后浸泡，浸泡香菇的水可以直接用来煲汤，香味更浓郁。

做法

1. 黄豆浸泡2～4小时后洗净；将香菇洗净，海带泡开，都切成小块备用。

2. 起锅加水(以没过黄豆为宜)，将黄豆、香菇、海带一起先用大火煮开后，再用小火炖煮20分钟。

3. 加入酱油、红糖、盐、辣椒，用小火慢慢煮至汤收干后装盘，撒上彩椒丝点缀即可。

牛肉末烧豆腐

原材料

豆腐200克，牛肉20克。

调味料

姜末、蒜末、葱花、豆瓣酱10克，干红辣椒粉、花椒粉、盐、味精、上汤、植物油各适量。

做法

1. 豆腐切丁，牛肉切末，姜、蒜切末。

2. 豆腐丁焯一下水，捞出；热油下锅，爆香姜末、蒜末、牛肉末，加入豆瓣酱炒香，再加干红辣椒粉炒上色后，下上汤和豆腐丁。

3. 调入盐、味精，烧入味后起锅装盘，撒上花椒粉、葱花即成。

功/能/解/析/

这道菜含丰富的蛋白质、不饱和脂肪酸和铁，不但能补充营养，还可以预防贫血。

厨房妙招

这道菜还可以加入花生米，花生米食用时不要去掉那层红衣，红衣有补血的功效。

⊙牛肉

⊙豆腐

香菇黑木耳炒猪肝

原材料

新鲜猪肝200克，香菇30克，黑木耳20克。

调味料

盐、味精、酱油、麻油、红糖、五香粉、料酒、鸡汤、湿淀粉、植物油、葱花、姜末各适量。

做法

1. 先将香菇、黑木耳在温水中泡发后分别洗净，将香菇切成片状，黑木耳撕成花瓣状。

2. 将猪肝洗净，除去筋膜，切成片，放入碗中，加葱花、姜末、料酒、湿淀粉，搅拌均匀，待用。

3. 将炒锅置于火上，加入植物油烧至六成热，放入葱花、姜末进行翻炒，出香味后即放入猪肝片。

功/能/解/析/

猪肝含丰富的铁质，搭配黑木耳和香菇食用能够给身体提供比较全面的营养，此外，对于体质虚弱者、畏寒者，这道菜能补血气，是一个不错的选择。

厨房妙招

猪肝切成2～3毫米厚比较合适，炒出来的猪肝有弹性，若切得太薄，受热后反倒容易变硬。

4. 再以急火翻炒，加入香菇片及木耳，继续翻炒片刻；加入适量的鸡汤或鲜汤，以及香菇、木耳浸泡液的滤汁。

5. 再加入精盐、味精、酱油、红糖、五香粉，以小火煮沸，用湿淀粉勾芡，淋入麻油即成。

香麻萝卜

原材料

青皮萝卜250克。

调味料

香菜10克，辣椒油10克，盐、味精、酱油、麻油、花椒粉各适量。

做法

1. 将萝卜削去根须，带皮洗净，切成细丝，放入清水中使萝卜丝吸水变硬；香菜去叶去根须洗净，切成碎节。

2. 取一大碗，先加入精盐、辣椒油、酱油、味精、麻油、花椒粉调拌均匀，最后放入萝卜丝和香菜碎节，拌匀装盘即成。

功/能/解/析/

民间有"冬吃萝卜夏吃姜，不用医生开药方"的俚语，足见冬季吃萝卜有多合时宜。冬季吃萝卜能够预防感冒的发生。

厨房妙招

萝卜应该选皮色均匀光滑的。

⊙青皮萝卜

⊙胡萝卜

红白海米丁

【原材料】胡萝卜100克，鲜香菇50克，海米30克，白豆
腐干3块，姜适量。

【调味料】甜面酱100克，盐1小匙，酱油、料酒、水淀
粉、白糖、麻油、植物油各适量。

【做法】 1．将海米泡发，加入料酒腌制10分钟左右。
将豆腐干、胡萝卜、香菇分别洗净，切成小
丁。姜去皮洗净，剁成姜末。

2．锅内加入植物油烧热，放入胡萝卜丁、豆
腐干丁炸透，捞出来控干油。

3．锅中留少许底油烧热，放入甜面酱、姜
末，加入少许清水炒匀。

4．放入海米翻炒至上色后下入胡萝卜丁、豆
腐干丁、香菇丁，加入盐、酱油、白糖，翻
炒至入味，用水淀粉勾芡，淋入麻油即可。

功/能/解/析/

这道菜可以补脾养胃、补肝利
肠、清热解毒、促进消化，能
够为身体提供丰富的维生素，
冬季进补可多吃。

厨房
妙招

胡萝卜不要去皮，
带着胡萝卜皮一起吃才
更有营养。

⊙香菇

姜汁鱼头

【原材料】鲢鱼头350克，鲜蘑菇100克，葱白
1段，姜5片。

【调味料】高汤少许，酱油、料酒各1小匙，
盐、胡椒粉、鸡精各适量。

【做法】 1．将鱼头洗净，剖成两半，放入
沸水中汆烫一下，捞出沥干水。

2．鲜蘑菇洗净，切成两半。将姜洗
净拍破，切成片，加入少许清水浸
泡出姜汁。葱白洗净切段备用。

3．将鱼头放入蒸盘中，加入鲜蘑
菇、料酒、酱油、葱、姜、鸡精、
胡椒粉、盐和高汤，大火蒸20分钟
左右。

4．拣出葱、姜，淋入姜汁即可。

功/能/解/析/

这道菜肉质细嫩、营养丰富，可以为身
体补充丰富的蛋白质、脂肪、钙、磷、
铁、维生素等多种营养物质，有益智补
脑的功效。

厨房
妙招

此菜在第三步，也可改用微波炉烹
制，形色更佳。

⊙鲢鱼

⊙鲜蘑菇

功/能/解/析/

牛肉能够供给人体大量的蛋白质；菠菜含铁丰富，有养血、补血的功效。常吃此菜，既可健脾补脑，又可益气养血。

厨房妙招　核桃仁用开水泡后比较容易撕去裹在表面的皮。

核桃牛肉拌菠菜

⊙牛肉

原材料

卤牛肉100克，菠菜150克，核桃仁30克。

调味料

盐、糖、麻油各少许，生抽1小匙，香醋2小匙。

做法

1. 卤牛肉切粒备用；菠菜洗净，焯一下捞出，挤干水分，切段。

2. 核桃仁提前用烤箱或平底锅烤熟。

3. 菠菜段、卤牛肉粒、熟核桃仁放入盘中，加入盐、糖、生抽、香醋、麻油拌匀即可。

番茄胡萝卜烧牛腩

原材料

牛腩500克，番茄、胡萝卜250克，葱、姜少许。

调味料

酱油2大匙，豆瓣酱、番茄酱、白糖、料酒各1大匙，甜面酱半大匙，八角1颗，盐、水淀粉、植物油各适量。

功/能/解/析/

牛腩可以补中益气，滋养脾胃，搭配富含维生素A的胡萝卜，可以帮助身体补充全面而均衡的营养。

厨房妙招

新鲜牛肉有光泽，红色均匀稍暗，脂肪为洁白或淡黄色，外表微干或有风干膜，不黏手，弹性好，有鲜肉味。

做法

1．将牛腩洗净，放入开水中煮5分钟，取出冲净。另起锅加清水烧开，将牛腩放进去煮20分钟，取出切厚块，留汤备用。

2．将番茄、胡萝卜洗净，切滚刀块。葱、姜洗净，葱切段，姜切片备用。

3．锅内加入植物油烧热，放入姜片、葱段、豆瓣酱、番茄酱、甜面酱爆香，倒入牛腩爆炒片刻，加入牛腩汤、八角、白糖、酱油、料酒、盐，先用大火烧开，再用小火煮30分钟左右。

4．加入番茄、胡萝卜，煮熟，用水淀粉勾芡即可。

食疗的目的是强健身体，远离疾患，从而延年益寿。每一个人，无论年龄、体质还是生活习惯，都有其各自的特点。食疗最重要的，就是要从自身的基本情况出发，离开了这一点，就达不到食疗的目的。

中医讲究因人而异，对症施治，只有针对自身的基本情况，采取合理的调理方式，方可以达到强身健体的目的。

第五章

Cook
for families

给家人的贴心菜

少儿健脑益智

大脑是产生智慧的物质基础，大脑发育的好坏直接影响着人的智力，注意饮食可以起到健脑益智的作用。

吃好早餐

有的孩子赖床，经常不吃早餐。这样对大脑的损害非常大，因为不吃早餐易造成人体血糖低下，大脑的营养相对供应不足，而上午又是功课最多的时候，大脑需要的能量得不到供应，长期下去，会影响大脑的发育。

只吃八分饱

吃得过饱，胃肠需要的血液量增多，大脑供血量减少，会对大脑产生危害，还会抑制大脑智能区域的生理功能。有的孩子吃得过饱是因为偏食高热量食品，这类食品易使人便秘，食物久积肠道，有害物质会刺激大脑，影响智力。经常吃得过饱会促使大脑早衰。

因此，平时控制饮食量十分重要，每餐以八分饱为佳，能有效地减少因饱食而形成的早衰物质，同时减轻肠胃负担，更有利于少儿的身体健康。

TIPS:

人的大脑受到信息刺激越多，脑细胞就越发达，脑子越用越灵，家长引导孩子多动脑、积极思考是健脑益智的最基本方法。此外，保证充分的睡眠休息时间对大脑也十分重要，睡眠是大脑休息和调整的阶段，不仅能使大脑皮层细胞免于衰竭，还能使消耗的能量得到补充，良好的睡眠还有增进记忆力的作用。少儿每天应保证8小时以上的睡眠时间。

健脑食物与营养素

为满足大脑的营养需要，最好把不同的营养食物搭配成均衡膳食。以下是几种人体所需的主要营养成分，以及各种成分的主要食物来源。

营养素	食物来源
脂肪	芝麻、核桃仁、自然状态下饲养的动物及其他坚果类等。
蛋白质	瘦肉、鸡蛋、豆制品、鱼贝类等。
碳水化合物	杂粮、糙米、红糖、糕点等。
钙	牛奶、海带、骨汤、小鱼类、紫菜、野菜、豆制品、虾皮、果类等。
B族维生素	香菇、野菜、黄绿色蔬菜、坚果类等。
维生素C	红枣、柚子、草莓、西瓜、橙、黄绿色蔬菜等。
维生素A	鳝鱼、黄油、牛乳、奶粉、胡萝卜、韭菜、橘子等。
维生素E	甘薯、莴苣、猪肝、黄油等。
胡萝卜素	油菜、荠菜、苋菜、胡萝卜、花椰菜、甘薯、南瓜、黄玉米等。

TIPS:

　　尽量避免食用对大脑发育不利的食物，如食品添加剂、人造色素、香料、砂糖等。过多吃甜食会减少大脑中的血流量，降低思维的灵敏度，也是不可取的。

⊙豆腐

⊙彩椒

豆腐炒彩椒

【原材料】豆腐250克，彩椒2个，蒜3瓣。

【调味料】豆瓣酱10克，高汤3大匙，盐、鸡精、麻油、植物油各适量。

【做法】
1. 将豆腐切成条形，彩椒洗净切块，蒜切碎。
2. 起锅热油，放入豆腐炸成金黄色，沥干油。
3. 锅内留底油，放入蒜末、彩椒炒香，再加入豆腐、豆瓣酱、盐、鸡精翻炒均匀。
4. 倒入高汤焖烧入味，淋入麻油，出锅装盘即可。

功/能/解/析/

这道菜颜色鲜艳，营养丰富，有益智润燥的功效。豆腐中含量丰富的大豆卵磷脂有益于神经、血管和大脑的发育生长，有健脑的功效。

厨房妙招

一次可以多炸一些豆腐，放凉后用保鲜袋分装，放入冰箱冷藏，随吃随取，特别方便。

鲜味豆腐

【原材料】豆腐200克，鸡肉、虾仁、玉米粒各30克，胡萝卜半根，豌豆仁1大匙，姜末少许，香菇10克。

【调味料】盐、植物油各适量，淀粉1小匙。

【做法】
1. 豆腐切成小方块，鸡肉、胡萝卜洗净切成小粒。
2. 香菇泡发、洗净以后切成小粒，虾仁、玉米粒、豌豆仁洗干净。
3. 起锅热油，把姜末放入锅里炒香。
4. 鸡肉、香菇、胡萝卜、玉米、豌豆仁一起下锅快炒，七成熟的时候起锅，备用。
5. 重新起锅，油热放豆腐，煎至颜色微黄，加入虾仁和炒好的菜，加少量清水，焖5分钟，用淀粉勾芡，放盐调匀即可装盘。

功/能/解/析/

这道菜鲜嫩爽滑，营养可口，有补脑益智的功效。香菇含有丰富的精氨酸和赖氨酸，常吃可健脑益智。

⊙豆腐

厨房妙招

买回来的鲜虾放冰箱速冻1个小时，然后拿出来马上放到水里面，能很轻松就把虾仁挤出来。

豌豆炒虾仁

原材料

豌豆100克，虾仁50克。

调味料

植物油、鸡汤和盐各适量。

做法

1. 将豌豆洗净，备用；虾仁用温水泡发。

2. 炒锅置火上，放油，烧至四成热，加入豌豆煸炒片刻。

3. 再加入虾仁煸炒2分钟左右，倒入鸡汤，待煨至汤汁浓稠时，放盐即可。

⊙虾仁

功/能/解/析/

这道菜能促进小孩生长发育及智力发育，可为人体提供丰富的营养成分，有助于增强人体免疫力。

厨房妙招

如果不怕辣，可以放一点点辣椒，味道更好，而且虾适宜与辣椒同食，辣椒中的辣椒碱能够促进脂肪的新陈代谢，防止体内脂肪积存。

核桃鸡丁

原材料

鸡胸肉50克，核桃仁20克，胡萝卜半根，黄瓜半根，生姜1片。

调味料

盐、鸡精、白糖、水淀粉、植物油各适量，白醋少许。

功/能/解/析/

这道菜有补充营养、宁心安神、健脑益智的功效。核桃因富含不饱和脂肪酸，被公认为健脑益智食品。每日吃2～3个核桃为宜，持之以恒，可起到营养大脑、增强记忆、消除脑疲劳等作用，但核桃不能多吃，多吃会出现大便干燥、鼻出血等情况。

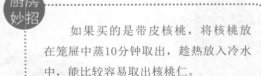

如果买的是带皮核桃，将核桃放在笼屉中蒸10分钟取出，趁热放入冷水中，能比较容易取出核桃仁。

做法

1. 先将鸡胸肉切丁，加少许盐、鸡精、水淀粉腌好。

2. 胡萝卜去皮切丁，黄瓜切丁。

3. 热锅下油，放入鸡丁，至九成熟时倒出待用；再放入核桃仁，用小火慢炸，炸至酥香时捞出。

4. 锅内留油，放入姜片、胡萝卜丁、黄瓜丁，炒至断生，加入鸡丁。

5. 调入盐、鸡精、白糖、白醋，用中火炒透入味，再用水淀粉勾芡，撒入炸好的核桃仁即可。

杏仁豆腐

原材料

杏仁30克，牛奶200克，鸡蛋1个，琼脂粉适量。

调味料

白糖适量。

做法

1. 将杏仁浸泡后剥去外皮，加水在搅拌机里打成稀糊。鸡蛋加少许水打散。

2. 炒锅上火，倒入约2碗水，放白糖少量，把鸡蛋倒入锅内，待煮开后撇去浮沫，倒出一半晾凉，待用。

3. 把杏仁糊、琼脂粉、牛奶放入锅内，不断搅动。

4. 搅拌均匀后用细纱布滤去糊糊中的渣，倒入盘内晾凉后，凝结成细嫩的豆腐状。

5. 把凝结的"豆腐"用刀在盘中划成菱形块，晾凉的另一半糖水缓慢地沿盘边倒入，待"豆腐"漂起时，即可食用。

功/能/解/析/

这道甜品能清神益脑，增强大脑功能，且鲜嫩甘美。牛奶中含有的碘、锌和卵磷脂可有效提高大脑的工作效率，镁可促使心脏和神经系统耐疲劳，所以有提神醒脑的效果。

厨房妙招

食用杏仁时，一定要先在水中浸泡多次，并去皮，这样口感才会更好。

青少年增高健体

身高能否如意，取决于几个因素，首先是遗传因素，占70％。此外，取决于其他条件，包括睡眠、锻炼、营养、环境和社会因素等。

预测孩子身高

遗传因素对孩子身高有很大的影响，所以用公式来预测孩子的身高有据可循，不过这也不是绝对的，最终身高还会受到其他后天因素的影响。预测孩子身高可以参考以下公式：

男孩未来身高（厘米）＝（爸爸身高＋妈妈身高）×1.078÷2

女孩未来身高（厘米）＝（爸爸身高×0.923＋妈妈身高）÷2

身高增长的黄金阶段

孩子的身体生长发育在每个阶段都是不一样的，在某个年龄段，身高的增长相对其他方面的增长更迅猛，我们称之为身高增长的黄金阶段。

孩子长高的三大黄金阶段：

第一阶段	0～7岁	这个阶段孩子比较好动，好动对骨骼具有锻炼作用。
第二阶段	7～12岁	这个年龄段身高增幅对最终身高的影响为30%。
第三阶段	12～18岁	身高增幅对最终身高影响下降为20%。

为了让孩子长得高一些，在这几个阶段，家长尤其应注意孩子的睡眠、锻炼及营养补充等方面。

睡眠和锻炼

睡眠也是使人体长高的"营养素"。睡眠不仅可消除疲劳，而且在人体入睡后，生长激素分泌比平时旺盛，并且持续时间较长，有利于长高。因此要养成规律的生活习惯，保证充足的睡眠。

经常参加有助于长高和健脑的体育锻炼，如跳绳、踢毽子、跳皮筋、艺术体操和各种球类活动等。运动能促使全身血液循环，保障骨骼、肌肉和脑细胞得到充足的营养，促使骨骼变粗，骨质密度增大，抗压抗折能力加强，还能促进生长激素的分泌，使骨骼、肌肉、大脑发育得更好。

合理均衡的营养

孩子长得高不高，与营养吸收得好不好有一定关系，男孩相较女孩高大壮，也是因为男孩吃得多。身高是由营养堆积起来的，想要孩子长得高，蛋白质、维生素、纤维素和矿物质一定不能缺少！

1. 补充蛋白质

蛋白质是生命的基础，骨细胞的增生和肌肉、脏器的发育都离不开蛋白质。人体生长发育越快，越需要补充蛋白质。鱼、虾、瘦肉、禽蛋、花生、豆制品中都富含优质蛋白质，应注意多补充。

2. 补充维生素和纤维素

维生素是维持生命的要素，其中最重要的是维生素A、B族维生素和维生素C，这三类维生素是人体生长发育所必不可少的。动物肝、肾、鸡蛋特别是蔬菜中含有多种维生素、纤维素和矿物质，所以应多食用一些新鲜蔬菜。

3. 增加矿物质

人体的长高由骨骼的生长发育决定，其中下肢长骨的增长与身高最为密切。也就是说，只有长骨中骺软骨细胞的不断生长，人体才会长高。钙、磷是骨骼的主要成分，所以，要多吃牛奶、虾皮、豆制品、排骨、骨头汤、海带、紫菜等含钙、磷丰富的食物。另外，要到户外多晒太阳，增加紫外线照射的机会，以利于体内合成维生素D，促进胃肠对钙、磷的吸收，从而保证骨骼的健康生长。

TIPS:

小一点的孩子，家长要增加其出门晒太阳和参加户外活动的机会，晒太阳可以帮助人体皮下合成维生素D，能促进钙的吸收，促进生长发育。

莴笋炒牛肉

原材料

莴笋100克，嫩牛肉150克，青蒜30克。

调味料

水淀粉1大匙，盐、鸡精、植物油各适量。

做法

1. 莴笋择洗干净，去皮，切成细丝；牛肉洗净，切成细丝；青蒜择洗干净，切成1厘米长的小段。

2. 取一个大碗，放入切好的牛肉丝，倒入水淀粉，调入盐，抓匀，备用。

3. 锅内放入适量植物油，烧至六成热，倒入调好的牛肉丝，烧至牛肉近熟，盛起。

4. 锅内留少许底油，烧热，放入莴笋丝，调入盐，翻炒至莴笋熟，倒入炒好的牛肉丝，调入鸡精，翻炒均匀即可。

功/能/解/析/

牛肉含丰富的蛋白质、铁质，人体生长发育越快，越需要补充蛋白质，所以这道菜不但可以促进骨骼生长，还可以强健骨骼。

厨房妙招

切牛肉的时候，要注意刀法，竖纹切条，横纹切片。

芝麻椒盐虾

【原材料】鲜虾仁200克，鸡蛋2个，芝麻20克，芡粉、花椒各适量。

【调味料】麻油1大匙，鸡精、盐各适量。

【做法】 1．芝麻洗净，沥干，放热锅中炒香；花椒炒焦，加入盐混匀后再共炒，磨成粉末。

2．虾仁洗净并沥干；鸡蛋打入大碗中，加入芡粉、盐、鸡精和少量水共调成糊。

3．虾仁用蛋糊拌匀。

4．锅置中火上，待锅热加入麻油，当烧至五成热时再陆续放入虾仁，炸成柿黄色时起锅，在虾仁上撒上芝麻、椒盐即可。

功/能/解/析/

虾仁含丰富的蛋白质，蛋白质是保证青春期身体生长发育的基础。此外，虾仁富含钙、磷，可以保证骨骼的健康生长。

厨房妙招

如果买的是活虾，去虾头时，不要一下子拧断，慢慢转动虾头，再顺手一拉，很容易就能去除虾线。

⊙虾仁

⊙芝麻

河虾炒鸡蛋

【原材料】活河虾50克，鸡蛋1个。

【调味料】料酒、葱、姜、盐、植物油各适量。

【做法】 1．河虾洗净，鸡蛋打匀。

2．起锅热油，倒入河虾煸炒片刻。

3．倒入蛋液，与虾一起煸炒，加料酒、葱、姜、盐各适量，熘炒至香，起锅即可。

功/能/解/析/

这道菜可以提供丰富的蛋白质和钙，营养丰富，青少年常吃，有助于促进生长和增高。

厨房妙招

若是从市场中买了活的河虾回来，可以在水里放少量的食盐，将河虾泡10～20分钟，使其排出污垢，再用水冲洗干净。

⊙鸡蛋

⊙河虾

⊙排骨

功/能/解/析/

这道菜富含钙和磷，可以促进骨骼生长发育。

厨房妙招

煮排骨等肉类时，放一点陈皮，有去腥解油腻的功效，会让食物的味道变得更好。

五香糖醋排骨

原材料

猪排骨500克，陈皮10克，葱、姜各适量。

调味料

白糖1大匙，麻油、醋、酱油、盐各适量，料酒2小匙，茴香2个。

做法

1. 排骨洗净，剁成3～4厘米长的小节，用清水煮开，撇去水面浮沫，捞出备用；葱、姜、陈皮洗净，葱切段，姜切片。

2. 锅置大火上，加入适量水及排骨、姜、陈皮、茴香、糖、醋、酱油、麻油、料酒、盐。

3. 大火烧开后，改中火，炖至排骨肉熟软易离骨时，再改小火收汁，至汁浓起锅，加小葱段点缀即成。

土豆烧牛肉

原材料

牛肉250克，土豆400克，葱段、姜片各适量。

调味料

酱油1大匙，精盐、鸡精、料酒、水淀粉、植物油各适量，麻油少许。

功/能/解/析/

牛肉含蛋白质、磷、锌较多，还含有钙、各种维生素等，其中蛋白质、磷、钙等是组成骨细胞的重要原料。土豆含有大量淀粉、维生素C、磷、铁、钙等营养物质。青少年常吃这道菜可以促进身体的生长发育。

做法

1. 将牛肉切成2厘米见方的块，用沸水烫过。

2. 再放入煮锅内，加适量清水、葱段、姜片、料酒，煮沸后改微火焖烂，捞出。

3. 土豆洗净，去皮，切成滚刀块，起锅热油，将土豆炸至呈淡黄色捞出。

4. 锅中留底油，热油后加入料酒、酱油、精盐、牛肉汤适量，沸后，放入土豆块及煮好的牛肉块，再沸时，转小火慢烧15分钟，改大火收汁。

5. 调入鸡精，用水淀粉勾芡，淋入麻油少许即可。

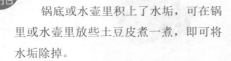

厨房妙招

锅底或水壶里积上了水垢，可在锅里或水壶里放些土豆皮煮一煮，即可将水垢除掉。

男性调理

有助于男性健康的营养素

营养素	功效	代表食物
镁	镁有助于调节人的心脏活动、降低血压、预防心脏病，提高男士的生育能力。	含镁较丰富的食物有大豆、马铃薯、核桃仁、燕麦、通心粉和海产品等。
锌	锌对男性性功能有益，还有助于提高人的抗病能力。	瘦肉、火鸡肉、豆类、海产品中均含锌丰富。
铬	铬有助于促进胆固醇的代谢，增强机体的耐力，另外，它在一定的身体条件下还可以促进肌肉的生成，避免积存多余脂肪。	含铬较丰富的食物有牛肉、面包、红糖、胡萝卜、香蕉、青豆、柑橘、菠菜等。

助阳生精的最佳食材

海藻

海藻含磺量比较高，而磺缺乏或不足会导致男性性功能衰退，性欲降低。因此，要经常食用一些海藻类食物，如海带、紫菜、裙带菜等。

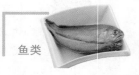

鱼类

鱼肉含有丰富的磷和锌等，对于男女性功能保健十分重要。一般而言，凡体内缺锌者，男性会出现精子数量减少且质量下降，并伴有严重的性功能和生殖功能减退。

韭菜

又名起阳草、壮阳草，它是一种生长力旺盛的常见蔬菜。为肾虚阳萎、遗精梦泄的辅助食疗佳品，对男性勃起障碍、早泄等疾病有很好的疗效。

大葱

葱所含的各种维生素可以保证人体激素分泌正常，从而壮阳补阴。

鸡蛋

鸡蛋是一种高蛋白食物，常吃可以强精气，消除身体的疲劳感，而且，它在体内还可转化为精氨酸，提高男性的精子质量，增强精子活力。

泥鳅

其味甘，性平，有补中益气、养肾生精的功效，对调节性功能有较好的作用。泥鳅中含有一种特殊蛋白质，有促进精子形成的作用。成年男子常食泥鳅可滋补强身。

男性健康菜

西红柿炒鸡蛋

原材料

鸡蛋3个，西红柿2个。

调味料

淀粉、盐、糖、酱油、植物油各适量。

做法

1. 将西红柿切成厚片备用。
2. 在鸡蛋液中加入水淀粉搅匀。
3. 四成油温，将鸡蛋液倒入锅内，待下层的蛋液定型后推动鸡蛋，让更多蛋液流入油中。
4. 待到定型后再推，至蛋液完全凝固，翻炒出锅。
5. 热油锅下入番茄，加入盐，炒制出汤后倒入炒好的鸡蛋，放入适量糖和酱油调味即可。

⊙西红柿

⊙鸡蛋

功/能/解/析/

每天吃一个西红柿，可大大降低男性前列腺疾病的发病率。

厨房妙招

沿着西红柿的纹路往下切，可以封住西红柿的汁，保留番茄红素。

韭菜炒羊肝

⊙韭菜

【原材料】韭菜150克，羊肝100克，姜丝适量。

【调味料】精盐、黄酒、植物油各适量。

【做法】1. 取韭菜洗净，切成3厘米长的段备用。

2. 羊肝洗净切成薄片备用。

3. 将锅用大火加热，下植物油，烧至八成热后，先下姜丝爆香，再下羊肝片和黄酒炒匀，最后放韭菜和精盐，急炒至熟。

⊙羊肝

功/能/解/析/

这道菜有补肾壮阳、生精补血、养肝明目的功效。韭菜为肾虚阳萎、遗精梦泄的辅助食疗佳品，对男性勃起障碍、早泄等疾病有很好的疗效。

厨房妙招

新鲜羊肝呈褐色或紫色，用手摸坚实无黏液，闻起来没有异味。颜色紫红，切开后有余血外溢的，质量不好，不宜食用。

莲子猪腰汤

【原材料】猪腰1对，莲子、核桃仁各100克，补骨脂25克，生姜3片。

【调味料】盐、麻油适量。

【做法】1. 核桃仁、莲子、补骨脂洗净，浸泡。

2. 猪腰洗净剖开，去白脂膜，用盐反复洗净。

3. 所有材料一起放进砂锅内，加入清水适量，大火煲沸以后改小火煲2个小时。

4. 调入适量盐与麻油即可。

⊙核桃仁

⊙莲子

⊙猪腰

功/能/解/析/

莲子、补骨脂和核桃仁煲猪腰汤为冬令的进补汤品，有补肾助阳、驻颜美容的功效。同时此汤还适用于肾阳不足、肾中虚冷、腰膝酸软无力、遗精、小便频数，或沉寒冷积之面色青黑、色素沉着等。

厨房妙招

补骨脂是一味中药，在中药店可以买到。很多人都喝不惯中药汤的味道，适当多加些红糖、冰糖、糖桂花或者蜂蜜等，再加些红枣，这样香气就能抵消部分中药的苦味了。

黄花菜炒猪腰

功/能/解/析/

这道菜适用于早泄伴腰膝酸软、乏力、遗精者。猪腰性平味甘咸，具有补肾、止遗精、止盗汗、利水的功效，但是胆固醇含量较高，不宜常食和多食。

原材料

猪腰1对，黄花菜30克，葱、姜、蒜少许。

调味料

盐、白糖、植物油适量，水淀粉1大匙。

厨房妙招

猪腰切开后，一定要剔去猪腰上的筋膜。这样炒出来的猪腰味道才好，没有怪味。

做法

1. 猪腰切开，剔去筋膜臊腺，洗净切成腰花块；黄花菜用水泡发切段。

2. 炒锅中放油烧热，先放入葱、姜、蒜爆香，再爆炒腰花。

3. 至腰花变色熟透时加黄花菜、盐和白糖炒匀，再调入水淀粉，汤汁透明时起锅。

韭菜炒河虾

原材料

韭菜300克，河虾100克。

调味料

植物油、精盐、鸡精各适量。

做法

1. 韭菜洗净，切成3厘米长的段备用；河虾处理干净备用。

2. 先将锅用大火加热，下植物油，烧至八成热后入河虾。

3. 改用中火炒至河虾熟后，再入韭菜翻炒片刻，加精盐、鸡精调味后食用。

功/能/解/析/

这道菜对肾阳虚，腰膝酸软，头晕目花，性功能低下，阳痿、早泄、精寒（指精子活动能力差）不育、精子减少等症有很好的食疗效果。

厨房
妙招

购买韭菜要挑选叶子直立，根部粗壮，截口较平整，颜色鲜嫩翠绿的，这样的韭菜营养价值比较高。

⊙河虾

老年人益寿延年

养成健康的饮食习惯

1. 不暴饮暴食。进食过量，会促使胆汁胰液大量分泌，有导致胆道疾病和胰腺炎的可能，也易诱发心脑血管疾病。暴食还易引起急性胃扩张，有生命危险。

2. 不快食。吃饭狼吞虎咽，会使食物咀嚼不完全，口腔中分泌的唾液的消化作用不能很好地发挥，从而会加重胃的负担，形成胃溃疡和胃炎。

3. 不吃烫食。吃烫食易造成口腔黏膜出血，破坏保护口腔的功能，会造成齿龈溃烂和过敏性牙病。

4. 不吃过咸食品。爱吃过咸食品，体内氯化钠增多、滞留，会导致体液增多、血液循环增加，从而引起高血压、肾炎等疾病。

5. 不偏食。老年人对营养的需求是多方面的，没有哪一种或几种天然食物能完全包含人体所需的多类营养成分。偏食会造成老年人营养失调和自身免疫机能下降，损害身体健康，甚至引起某些疾病。

6. 减少胆固醇的摄入量，维护心血管健康。胆固醇过多，将加速老年人动脉硬化，增加心血管疾患的发病率。因此，要限制进食含高胆固醇食物，如各种动物性脂肪(鸭油、鱼油除外)、动物脏腑类食品、蛋黄、鱼子、鱿鱼、蟹、黄油、奶油和巧克力等甜食。

7. 限制脂肪的总摄入量。摄食过多的脂肪极易诱发多种老年性疾病，如高胆固醇血症、高脂蛋白血症、器官组织癌变和消化不良型腹泻等。膳食中的脂肪主要来源于烹调用油、肉类、奶油、黄油等，摄入量以每日每公斤体重摄取1克以下为宜。身体肥胖或超重者，摄取量还应严加限制。

8. 老年人摄食的蛋白质总量一般不能低于中年人，以每日每公斤体重保证1~1.5克为宜。其主要来源有：肉类、水产品、蛋类、豆类和鲜奶。老年人的胃肠道吸收功能较差，每日膳食中的蛋白质应以优质的完全蛋白质和半完全蛋白质为主，例如，黄豆的蛋白质含量高，质量上乘，但老年人难以咀嚼，因此，最好选食黄豆制品，如豆浆、豆芽、豆腐、豆腐皮等。

TIPS:

大脑乃生命活动之中枢，五脏六腑的功能及肢体活动都由大脑控制，只有大脑健康，长寿才有可能实现。老年人要勤于学习，包括读书、看报、看电视、收听广播、上网等，适当的脑力活动能增强大脑的新陈代谢活动，提高大脑皮层的兴奋性，有利于激活脑细胞，不但可以防止老年痴呆，也有益身心健康。

老年人健康菜

韭菜豆腐丝

原材料

韭菜200克，豆腐皮300克。

调味料

高汤、盐、白糖、酱油、味精、植物油各适量。

做法

1. 韭菜洗净，切段；豆腐皮洗净切丝。

2. 炒锅置火上，倒油，放入高汤、豆腐丝和适量的盐、白糖、酱油、味精，用小火慢慢翻炒5~7分钟。

3. 豆腐丝完全吸收汤汁，再放入韭菜继续炒半分钟即可。

功/能/解/析/

韭菜含有挥发性精油及含硫化合物，具有促进食欲和降低血脂的作用，对高血压、冠心病、高血脂等有一定疗效。豆腐皮中含有丰富的优质蛋白，营养价值较高；含有大量的卵磷脂，可预防心血管疾病，保护心脏；含有多种矿物质，可补充钙质，防止因缺钙引起的骨质疏松，促进骨骼发育，对老人的骨骼极为有利。

厨房妙招

切韭菜时可以将韭菜的根部切好放一边，炒的时候先下锅。

⊙韭菜

橙汁蜜藕

【原材料】莲藕200克。

【调味料】橙汁100毫升，蜂蜜1大匙，盐半小匙，白糖适量。

【做法】　1．莲藕洗净去皮，切成片，泡在凉水盆中（换水两次）。

2．将藕片在开水中迅速汆烫一下，取出过冷水后沥干。

3．藕片摆在盘中，加入橙汁、蜂蜜、盐、白糖拌匀，腌至色泽呈淡黄色时即可以食用。

⊙橙汁

⊙莲藕

功/能/解/析/

鲜藕除了含有大量的碳水化合物外，蛋白质和各种维生素及矿物质的含量也很丰富。对于老年人来说，秋藕更是补养脾胃的好食材。生藕可消瘀凉血，清烦热，止呕渴，把藕加工至熟后，其性由凉变温，虽然失去了消瘀、清热的性能，却变为对脾胃有益，有养胃滋阴、益血、止泻的功效。

厨房妙招

　　莲藕从口感上分为脆藕和面藕（也叫湖藕）两种，脆藕口感爽脆，吃起来带着阵阵藕断丝连的感觉；面藕吃起来很面，淀粉含量多，有少许土豆的口感。如果是凉拌和炒菜，建议选脆藕；如果是炖汤，则面藕为佳。脆藕偏凉性，面藕偏热性。

醪糟芹菜炒猪肝

【原材料】猪肝200克，芹菜2根，葱2根，姜适量。

【调味料】酱油2大匙，醪糟、淀粉各1大匙，糖1小匙，盐、植物油各适量。

【做法】　1．猪肝泡水30分钟后洗净捞出切片，再加酱油、醪糟、淀粉腌5分钟；芹菜洗净切段；葱、姜洗净均切末。

2．起锅热油，放入猪肝用大火炒至变色盛出。

3．另起锅热油，放入芹菜略炒，将猪肝回锅，并加盐、糖炒匀即成。

功/能/解/析/

醪糟又叫酒酿、米酒、甜酒，有健脾开胃、舒筋活血、祛湿消瘀、补血养颜、延年益寿的功效，最宜中老年人和体弱者饮用。

厨房妙招

　　也可以买几包酒曲，买几斤糯米，自己在家做醪糟，酒曲包装上都有详细的说明。

⊙猪肝

⊙芹菜

嫩豆腐鲫鱼羹

原材料

嫩豆腐1块，鲫鱼1条（约200克），姜丝、葱花、椒丝各少许。

⊙鲫鱼

调味料

盐半小匙，水淀粉1大匙，植物油适量。

做法

1. 鲫鱼剖杀干净；豆腐切片，氽烫后捞出备用。

2. 起锅热油，放入生姜爆香，下鲫鱼煎至两面金黄后加水煮沸，转小火慢炖30分钟。

3. 加入豆腐，再煮10分钟左右，放盐调味，用水淀粉勾芡后撒上葱花、椒丝即可。

功/能/解/析/

豆腐和鱼是经常搭配在一起的两样食材，红焖、煮汤都十分鲜美。鲫鱼豆腐汤、豆腐鱼头汤都是十分常见的家常滚汤。其实豆腐配鱼不仅营养互补，还可以补钙、降低胆固醇、养颜等，特别适合老年人食用，有强身健体、延年益寿的功效。

厨房妙招

新鲜鲫鱼眼睛略凸，眼球黑白分明，不新鲜的鲫鱼则是眼睛凹陷，眼球浑浊。买鲫鱼时选身体扁平、色泽偏白的，肉质比较鲜嫩。

香椿拌豆腐

原材料

鲜嫩香椿芽100克，豆腐300克。

调味料

麻油、盐、鸡精、白醋各适量。

做法

1. 将豆腐洗净切丁，用开水煮沸，捞出沥干水分放入盆内，加入盐、鸡精，稍腌备用。

2. 香椿芽去根洗净，放入开水中汆一遍捞出，沥干水分切成末。

3. 将香椿芽撒在豆腐丁上面，淋上麻油，加入盐、鸡精、白醋拌匀即可。

功/能/解/析/

香椿除了含有蛋白质、脂肪、碳水化合物外，还有丰富的维生素、胡萝卜素、铁、磷、钙等多种营养成分。豆腐含丰富的蛋白质和钙，能增强食欲，帮助消化。

厨房妙招

在热烫过程中要快速翻动，使香椿受热均匀，香椿稍一变绿，赶快捞出放入凉水中及时降温，然后捞出沥干水分，摊开晾干表面的水分，即可进行包装，外套保鲜袋，扎紧封口，放入冰箱冷冻室内，可延长存储时间。

更年期调理

　　无论男女，从中年向老年过渡的时候，随着逐渐衰老，身体的内分泌机能尤其是性腺功能会相应衰退，从而可能出现更年期综合征。一般情况下，女性更年期在45~55岁，男性更年期在55~65岁。更年期初期可出现阵发性面部发红、盗汗、心悸、失眠、情绪烦躁不稳、易发怒以及疲倦乏力等症状，而女性的更年期症状尤为明显。一旦出现更年期综合征，就需要及时从各方面进行调理，饮食上的调理尤为重要。

更年期需要补充的营养素

营养素	补充原因	含该种营养素的食物
蛋白质	随着性腺的退化，其他组织器官也逐渐退化，因而在饮食上应选用优质蛋白质。	牛奶、鸡蛋、瘦肉、鱼类、家禽类及豆制品。
钙	随着年龄增长，缺钙容易引起骨质疏松。	牛奶和豆制品是钙质的良好来源，含高钙的食物还有虾米皮、海带、紫菜、牡蛎、海藻、芝麻酱等。
维生素B1	缓解更年期疲倦乏力的症状，保护神经系统。	粗面、糙米、烤麸、玉米、小米、小麦、豆类等。
食物纤维	除了帮助排除身体毒素，纤维素还能抑制胆固醇的吸收，从而有显著的降血清胆固醇的作用，因而能预防动脉硬化。	苹果、红薯、木耳、芹菜、马铃薯、笋等。
铁	更年期妇女月经异常变化最为突出。如果月经变得很频繁，经血量增多，出血时间延长，这就可能引起贫血。	黑木耳、莲藕、猪肝、猪血等。

更年期饮食宜忌

宜	原因
清淡饮食，限制食盐的摄入量，每日食盐量在6克以下。	因为更年期常好发高血压和动脉硬化，而食盐中含有大量的钠离子，吃盐过多，会增加心脏负担，并会增加血液黏稠度，从而使血压升高。
多吃新鲜蔬菜水果。	蔬菜水果是膳食纤维的重要来源，含有可溶性膳食纤维的食物能较好维持肠道的生态平衡，促进益生菌的生长，也有良好的防治便秘的作用，同时，还能增加血管的韧性，促进血胆固醇的排除，预防动脉粥样硬化和冠心病的发生。

（续上表）

宜	原因
适当多吃粗粮、杂粮。	步入更年期后，很多女性因担心发胖而控制饮食，但便意的形成需要肠道内的食物残渣达到一定的体积，膨胀后刺激肠壁，才会产生条件反射。吃得少，排便的次数也会减少，久而久之就会导致便秘。粗杂粮含有丰富的膳食纤维，能在肠道中保持水分，软化大便，促进肠蠕动，从而防止便秘。

忌	原因
刺激性强的食物，如酒、浓茶、咖啡等。	因更年期容易情绪不稳定，进食这些食物易加剧情绪波动。
高糖食物。	饮料、蛋糕等高糖类食物食用过多会引起肥胖，可吃一些复合糖类食物，如淀粉、小米等。
胡椒粉、咖喱粉、辣椒粉等调味品。	这些调料辛温，易导致上火、便秘或加重便秘症状。

TIPS:

　　由于更年期女性内分泌调节功能减退，会出现暂时性胃肠功能紊乱，如消化不良、腹胀、便秘等，三餐的合理搭配就显得很重要。早餐质量要高，午餐保持七八分饱就可以，晚餐要少吃。一日三餐的热量分配：早餐占25％～30％，午餐占40％～45％，晚餐占30％左右较为合理。

更年期健康菜

鱿鱼排骨煲

⊙鱿鱼干

【原材料】猪排骨300克，鱿鱼干50克，土豆1个，西红柿1个，胡萝卜半根。

【调味料】盐适量。

【做法】

1. 排骨洗净后斩小块，入沸水氽烫后捞出；鱿鱼干用温水浸透泡软，洗净切块。

2. 土豆去皮，洗净切块；胡萝卜去皮，洗净切块；西红柿用沸水烫后去皮，剁成小块。

3. 煲内加入适量清水，大火煮沸后，加入排骨、鱿鱼、土豆、西红柿、胡萝卜，继续煮。

4. 待再次煮沸后，转小火煲1小时，加入盐调味即成。

⊙排骨

功/能/解/析/

鱿鱼含有丰富的蛋白质，并有补血作用，对女性贫血、闭经都有一定的防治作用，对更年期女性来说是非常好的食品。

厨房妙招

挑选鱿鱼干时要注意，好的鱿鱼干形体完整、均匀，呈扁平薄块状，肉体洁净无损伤，肉质结实、肥厚。

春笋炒肉丝

【原材料】猪瘦肉100克，春笋30克，枸杞10克。

【调味料】猪油、盐、鸡精、酱油各适量，水淀粉2大匙。

【做法】

1. 春笋洗净切片，入开水锅中焯水，捞出切成丝；瘦猪肉切丝；枸杞子洗净。

2. 将锅烘热，放入猪油烧热后加入肉丝和春笋爆炒至熟。

3. 放入盐、鸡精、酱油、水淀粉翻炒均匀，撒上枸杞即可。

功/能/解/析/

这道菜适用于肝肾阴虚型更年期综合征，以症见头晕耳鸣、胸膈烦热、小便不利者为宜。枸杞子平补肝肾；春笋甘寒，能利五脏、开膈热、通经脉、明眼目、利小便；猪肉性平，可滋阴润燥。

厨房妙招

春笋最好先在沸水里焯1～2分钟，不但可以软化粗纤维，有助消化，还可以去除春笋的涩味，吃起来更爽口。

⊙春笋

⊙瘦猪肉

火爆腰花

⊙猪腰

原材料

　　猪腰2个，净莴笋50克。

调味料

　　葱、泡椒10克，姜25克，蒜、精盐、胡椒粉、酱油、水淀粉、料酒、鲜汤、味精、植物油各适量。

功/能/解/析/

　　更年期头晕、潮热、乏力，其实是肾气亏虚、气血虚弱的一种表现，这道菜有补肾益气、补养气血的效果。

厨房妙招

猪腰的筋膜要去除干净，否则有骚味。

做法

　　1. 姜、蒜切成片。葱、泡椒切成马耳朵形。莴笋切成条。猪腰去筋膜，剖开去腰臊洗干净，先斜划花纹，再顺着花纹直划3刀1断成凤尾形。

　　2. 腰花装入碗内，加盐、料酒、水淀粉拌匀。另一碗内将酱油、胡椒粉、味精、水淀粉、鲜汤调成浇汁。

　　3. 炒锅置旺火上，放油烧至七成热，放入腰花快速炒散，再放泡椒、姜、蒜、葱、莴笋条炒出香味，淋入浇汁，颠翻几下，起锅装盘即成。

功/能/解/析/

海参含有极丰富的蛋白质、脂肪、钙、磷、铁、维生素以及部分氨基酸，有补肝肾、益气血、除烦益智的作用；枸杞、山药具有补肝肾、益气血的功效。这些食材组合在一起是更年期调理的最佳菜肴。

⊙鸡腿

海参枸杞鸡

原材料

鸡胸肉、鸡腿肉、海参250克，巴戟天15克，山药15克，枸杞15克，大枣20克。

厨房妙招

挑海参首先看它的形状，要比较整齐，有弹性，其次从里边拔出来的筋要是一条一条的。

调味料

姜、葱、盐、料酒、黄酒各适量。

做法

1. 巴戟天、山药、枸杞浸泡20分钟备用，海参破成两半，大枣去核掰碎备用。

2. 鸡胸肉、鸡腿肉加入葱、姜一起剁成肉蓉放入碗中，加入两倍的凉水搅匀。

3. 烧一锅水，沸后将肉蓉倒入锅中，小火焖20分钟。

4. 海参凉水下锅，加入黄酒、料酒、葱、姜焯制2分钟，将焯过的海参改刀切大块。

5. 取一个大碗，将巴戟天、山药、枸杞、大枣铺在下边，海参码在上边。

6. 将焖好的鸡汤倒入碗中，蒸锅上汽后放入蒸锅蒸制3小时，加入少许盐调味即可。

燕窝梨盅

原材料

燕窝5克（水浸泡），白梨2个，川贝母10克。

调味料

冰糖5克。

做法

1. 梨挖去核，将其他三味同放梨内。

2. 将梨盖好扎紧放碗中，隔水炖熟即可。

⊙燕窝

厨房妙招

燕窝味甘性寒，具有清心除烦、养阴安神之功效，与雪梨同食，味美甜润，对减轻或改善更年期综合征患者的失眠烦躁、潮热汗出等症状大有裨益。

功/能/解/析/

雪梨以形状规则，梨皮薄，最底部的地方也就是梨脐较深而且周围光滑整齐的为上品。

⊙雪梨

月经调理

月经不调主要是指经期提前、延后或是经血量异常（如过多或过少）的症状。许多女性都有月经不调的困扰。导致月经不调的原因很多，有精神方面的、饮食方面的，也有病理性的。因此，防治月经不调，不仅要调节自己的情志，积极治疗相关疾病，同时也要注意利用合理的饮食来调节。

月经不调的饮食调理

1. 维生素E主要存在于日常食用的各种烹调油中，如果饮食过于清淡少油，就有可能造成维生素E缺乏，从而影响月经的正常周期。适当补充维生素E可以推迟性腺萎缩的进程，起到抗衰老的作用，同时维生素E具有抗氧化性，可以清除自由基，改善皮肤弹性。

2. 大豆也是一种对卵巢功能有辅助作用的好东西，因为其中含有丰富的植物雌激素，绝经前的女性多吃大豆制品，能缓解更年期症状，此外，大豆含有很多钙质和植物蛋白质，这些都是月经正常所必需的营养。

3. 多吃活血食物，如山楂、黑木耳、黑豆、韭菜、红糖等，特别强调不宜吃寒凉冷冻的食物。

TIPS:

经期应注意保暖，忌寒、凉、生、冷刺激，防止寒邪侵袭，还要注意休息，减少疲劳，加强营养，增强体质。应尽量避免剧烈的情绪波动，避免强烈的精神刺激，保持心情愉快，饮食上应注意适当补充营养。

月经调理食谱

芹菜炒鸡丝

【原材料】鸡脯丝300克，芹菜1根。

【调味料】鸡汤1大匙，料酒半大匙，盐、鸡精、水淀粉各1小匙，麻油少许，植物油适量。

【做法】
1. 鸡脯丝上浆；芹菜洗净，纵向切成丝备用。

2. 料酒、鸡汤、盐、鸡精和水淀粉放在小碗中调成味汁备用。

3. 炒锅放在大火上烧热，下油烧至三成热，放入上浆的鸡脯丝，迅速翻炒至鸡脯丝色白时，倒进漏勺里沥干油。

4. 锅里留油适量，下芹菜丝略炒，倒入鸡脯丝回锅。

5. 放入调味汁翻拌均匀，淋入油翻出光泽，滴入麻油盛出装盘中即可。

功/能/解/析/

芹菜营养丰富，含有蛋白质、各种维生素和矿物质及人体不可缺少的膳食纤维，对月经不调、高血压、动脉硬化、神经衰弱、小便热涩不利等症有不错的食疗功效。

厨房妙招

芹菜等蔬菜适宜竖着存放。垂直放的蔬菜所保存的叶绿素含量比水平放的蔬菜要多，且存放时间越长，差异越大。叶绿素中造血的成分对人体有很高的营养价值。

⊙鸡肉

⊙芹菜

泡椒墨鱼仔

【原材料】墨鱼仔400克，圆形泡椒100克，芹菜3根，野山椒适量。

【调味料】植物油适量，盐1小匙，鸡精少许，白糖半小匙，麻油2小匙。

【做法】
1. 将芹菜洗净切段备用，墨鱼仔洗净稍微余烫后捞起。

2. 将油倒入锅内，油热之后放入泡椒、野山椒翻炒。

3. 炒出泡椒味再放入墨鱼仔、芹菜一起炒，最后加盐、鸡精和糖炒匀。

4. 淋入麻油起锅装盘即可。

功/能/解/析/

墨鱼肉有养血滋阴、益胃通气、去淤止痛的功效，可用于月经失调、血虚闭经、心悸、腰酸肢麻等症的辅助食疗。

厨房妙招

把洗好的墨鱼仔下水煮制时，记得要来回翻动，如果不翻动会让煮出的墨鱼出现"阴阳面"。

⊙泡椒

功/能/解/析/

墨鱼有养血滋阴、益胃通气、去淤止痛的功效。常吃墨鱼对妇女血虚性月经失调，如月经过多或经期提前等有一定的调理作用；妇女带下清稀、腰疼、尿频等，多吃墨鱼也有好处。

芹菜香菇炒墨鱼

⊙香菇

原材料

芹菜300克，墨鱼100克，干香菇2朵。

厨房妙招

泡香菇的水不要倒掉，做菜时放入可以提鲜味。

调味料

料酒、盐、植物油各适量，味精、麻油各少许。

做法

1. 香菇用温水泡发，去蒂洗净，切丝；芹菜摘去叶，切去根，洗净，切成长2厘米的段；墨鱼洗净，切丝。

2. 锅中加适量清水，烧开，加入料酒，将墨鱼丝放入锅中煮1分钟，捞出备用。

3. 锅中倒入适量的油，烧至八成热，放入芹菜翻炒3～4分钟，再放入香菇丝和墨鱼丝继续翻炒2分钟，加入盐、味精，淋上麻油即成。

炒红果拌萝卜丝

原材料

山楂500克，白萝卜1根。

调味料

白砂糖300克。

做法

1. 山楂洗净沥干水，用小刀横向剖开去核。将洗净剖好的山楂放入锅中，加入和果子齐平的水，大火熬煮。

2. 煮至果肉快烂时加入白砂糖(200克)，继续熬煮10分钟。加入剩余的白砂糖(100克)，熬煮5分钟后关火放凉。

3. 白萝卜洗净去皮，用刨子刨成细丝，放入盘中，淋上煮好的山楂即可。

功/能/解/析/

放糖的时机很关键，既要把汁熬黏，果肉又不能烂，所以第一次加糖一定要等到果肉快烂时才加，早加糖煮出来的汤汁酸而且果肉口感不好。

厨房妙招

中医认为山楂具有活血化淤的作用，是血淤型痛经患者的食疗佳品。

肉末炒丝瓜

原材料

猪肉馅50克，丝瓜1根。

调味料

葱末、姜末、生抽、盐、植物油各适量。

做法

1. 丝瓜清洗干净，削去外皮，切成0.3厘米厚的片。

2. 中火加热锅中的油，将葱、姜末放入锅中爆香，放入猪肉馅，不断翻炒直至肉馅全部炒散变色。

3. 锅中倒入生抽，再放入切好的丝瓜，盖上锅盖稍焖2~3分钟，直至丝瓜变软，调入盐即可。

功/能/解/析/

丝瓜味甘性平，有清暑凉血、解毒通便、祛风化痰、润肌美容、通经络、行血脉、下乳汁等功效。丝瓜常用于调理气血阻滞引起的胸肋疼痛、乳痛肿等症，也可用于调理妇女月经不调、腰痛不止等症。

厨房妙招

将丝瓜去皮切成大块后，放在一只大碗里，然后撒上一些盐，抓匀，再放一会儿丝瓜就不会变黑了。

红糖糯米粑

原材料

糯米粉300克。

调味料

红糖适量。

⊙红糖

做法

1. 将糯米粉加入适量水，揉成光滑的面团。

2. 将面团分成5份，压成圆饼状。

3. 将平底锅烧热，放入糯米饼，慢火煎至两面金黄。

4. 红糖加适量水冲开，淋入锅中，翻面，让每个糯米粑都沾上红糖汁，待糯米粑变软，即可出锅。

功/能/解/析/

这道美食健脾疏肝理气，对女性肝部气滞、月经不调、四肢烦热、脾虚气滞以及脘腹胀满等症有一定的调理功效。

厨房妙招

红糖不要选择结了块的。

127

烹调从来不是一件一成不变的事情，学会搭配，将一样食材做出花样，用美味为辛劳一天的家人带来快乐，何尝不是一种幸福呢？

第六章

Different matches

巧手搭配，
家常食材的百变吃法

◇ ◆ 芦笋 ◆ ◇

芦笋营养价值特别高，近年来，越来越多的家庭餐桌上可见芦笋，芦笋的可食部位是它的幼嫩茎。出土前采收的白色嫩茎被称为白芦笋，出土后采收的绿色嫩茎被称为绿芦笋。白芦笋多用来做芦笋罐头，而我们日常食用的主要是绿芦笋。

芦笋的功效

1. 芦笋中含有丰富的叶酸，大约5根芦笋就含有叶酸100微克，已达到人体每日叶酸需求量的1/4。所以多吃芦笋能起到补充叶酸的功效，尤其适合备孕或者怀孕期间的女性食用。

2. 芦笋味甘、性寒，归肺、胃经，有清热解毒之功效。在炎热夏季食用芦笋，可以消暑止渴，有清凉降火的作用。

◆ 由于芦笋生津利水的功效，所以有水肿症状的人也可以把芦笋当成消肿美食。

◆ 芦笋所含蛋白质、碳水化合物、多种维生素和微量元素的质量优于普通蔬菜。经常食用芦笋，对心血管病、血管硬化、肾炎、胆结石、肝功能障碍和肥胖均有防治功效。血压偏高的人适当吃些芦笋，有降压的效果。

选购支招

要挑笔直粗壮，长12～22厘米，直径至少达到1厘米的芦笋，其中又以色泽浓绿、穗尖紧密的为佳品。

选购芦笋时新鲜最要紧，一旦老化，纤维化了，口感就差了。可以用指甲在芦笋根部轻轻掐一下，有印痕的就比较新鲜。

烹调窍门

1. 新鲜芦笋的鲜度很快就会降低，使组织变硬且失去大量营养素，所以应该趁鲜食用，不宜久藏。不能立即食用的芦笋，可以用报纸卷包，置于冰箱冷藏室，可保鲜两三天。

2. 芦笋的重要营养成分都存在尖端幼芽处，所以在炒煮时应保存尖端。

3. 余烫容易造成芦笋中维生素C的流失，所以以炒食为宜。即使是做沙拉，也最好烫过后淋上沙拉酱，酱料中的油脂有助于维生素A的吸收。若用来补充叶酸，则应避免高温烹煮，最佳的食用方法是用微波炉小功率热熟。

4. 烹煮芦笋时，最好用不锈钢锅且小火煮，可使芦笋保持柔软又不变色，更可保存更多B族维生素和维生素C。

芦笋西红柿

原材料

西红柿2个,芦笋6根,葱末1小匙,姜1片。

调味料

盐2小匙,植物油适量,鸡精、麻油各少许。

做法

1．将西红柿洗净,切片;芦笋削去粗皮洗净,放入沸水锅中余烫5分钟后捞出,切成小段。

2．锅中加入植物油烧热,放入葱末和姜片爆香,然后放入芦笋翻炒3分钟。

3．倒入西红柿迅速翻炒至八成熟时,加盐、鸡精、麻油,翻炒均匀即可。

⊙芦笋

⊙瘦肉

芦笋炒肉丝

【原材料】芦笋300克，瘦肉200克，蒜末半大匙。

【调味料】盐、料酒、酱油、淀粉各1大匙，糖半小匙，植物油适量。

【做法】 1．芦笋削去粗皮洗净，沸水锅中加少许盐，放入芦笋汆烫稍软捞出，用清水冲凉，再切小段。

2．瘦肉切丝，倒入半大匙料酒、酱油和水淀粉腌制15分钟。

3．锅内加入植物油烧热，将肉丝过油后捞出备用。

4．锅内留少许底油，倒入蒜末爆香，再放入芦笋翻炒片刻，加入肉丝，放入剩下的调料，加少许清水炒匀即可。

百合鲜炒芦笋

⊙百合

⊙枸杞

【原材料】芦笋300克，百合1个，枸杞20粒，姜1片。

【调味料】鸡汤半碗，水淀粉2大匙，盐半小匙，植物油适量。

【做法】 1．用清水将枸杞泡软后洗净备用，姜洗净切丝备用。

2．芦笋削去粗皮洗净，切段；百合洗净，掰成瓣。

3．锅内加入植物油烧热，放入姜丝爆香，再放入芦笋煸炒1分钟左右，倒入百合，马上调入盐翻炒几下即倒出装盘。

4．将锅置于火上，倒入鸡汤、枸杞，大火煮开后，调成小火，用水淀粉勾芡，最后将芡汁淋到芦笋百合上即可。

蒜香芦笋炒虾仁

⊙虾仁

⊙芦笋

【原材料】虾仁300克，芦笋100克，蒜末1大匙，鸡蛋1个。

【调味料】料酒1大匙，淀粉2小匙，盐1小匙，白糖半小匙，胡椒粉少许，植物油适量。

【做法】 1．鸡蛋打碎，取蛋清；虾仁洗净，拌入蛋清、半小匙盐和1小匙淀粉略腌；芦笋削去粗皮洗净，在沸水锅中汆烫片刻捞出，用清水冲凉，切成小段。

2．锅内加入植物油烧热，倒入虾仁过油捞出。

3．锅内留少许底油烧热，倒入蒜末爆香，放入芦笋翻炒片刻，接着放入虾仁和剩下的调料炒匀即可。

◇◆ 莴苣 ◆◇

莴苣是春、秋、冬季重要的蔬菜之一，营养丰富，口感脆爽，深受大家喜爱。

莴苣的功效

1. 莴苣味道清新且略带苦味，可刺激消化酶分泌，帮助增进食欲。莴苣的乳状浆液，可增强胃液、消化腺和胆汁的分泌，从而增强各消化器官的功能，对消化功能不好的人非常有利。

2. 莴苣中钾的含量大大高于钠的含量，有利于人体内的水电解质平衡，可促进排尿，对患有高血压、水肿、心脏病的人有一定的食疗效果。

3. 莴苣中含有多种维生素和矿物质，具有调节神经系统功能的作用，其所含有机化合物中富含人体可吸收的铁元素，对缺铁性贫血有调理作用。

4. 莴苣中含有大量植物纤维素，能促进肠壁蠕动，通利消化道，可以帮助预防和治疗便秘。

选购支招

莴苣在选购时一般应选择粗短条顺、不弯曲、大小整齐、皮薄、质脆、水分充足的。笋条蔫萎、空心、表面有锈斑、带有黄叶、烂叶的都是放置时间较久的，建议不要购买。

烹调窍门

1. 不要用铜制器皿存放或者烹调莴苣，以免破坏莴苣中所含的维生素C。

2. 莴苣适用于烧、拌、炝、炒等烹调方法，也可用它做汤和配料等。不过莴苣怕咸，要少放盐才好吃。

3. 汆烫莴苣时一定要注意时间和温度，汆烫的时间过长、温度过高会使莴苣变得绵软，失去清脆口感。

4. 莴苣与含B族维生素的牛肉合用，具有调养气血的作用。

5. 下锅前挤干莴苣的水分，可以增加莴苣的脆嫩感，但从营养角度考虑，不应该挤干水分，那样会让莴苣丧失大量的水溶性维生素。

椒油莴苣腐竹

⊙猪肉

原材料

莴苣200克，腐竹100克，瘦猪肉100克，水发木耳50克，胡萝卜20克。

调味料

酱油、水淀粉各1大匙，盐1小匙，花椒10粒，鸡精、植物油各适量。

⊙胡萝卜

做法

1．将腐竹用温水泡发，洗净，切成3厘米余长的段；将莴苣去皮洗净，切成细丝；将猪肉洗净，切成小丁，放入碗中，加入水淀粉拌匀，腌制10分钟左右；将胡萝卜刮去皮洗净，从中间切开，再斜刀切成薄片；木耳洗净，去掉老根，撕成小朵。

2．锅内加入植物油烧热，放入花椒，炸出花椒油。

3．另起锅加入植物油烧热，放入肉丁、酱油，翻炒均匀。

4．倒入腐竹、莴苣、胡萝卜、木耳，加入盐，翻炒均匀。

5．浇上花椒油，调入鸡精，炒匀即可。

木耳炒莴苣丝

⊙木耳

【原材料】莴苣300克，木耳（干）20克，泡椒5克，大蒜2瓣，葱1小段，姜1片。

【调味料】盐1小匙，鸡精少许，植物油适量。

【做法】 1．将木耳用温水泡发，去蒂洗净，撕成小朵备用；莴苣去皮洗净后切菱形薄片，加少许盐拌匀；泡椒用清水清洗一遍，切成小丁备用；大蒜去皮切成小粒，葱斜切成小段，姜切丝备用。

2．锅内加入植物油烧热，放入姜、蒜、泡椒，炒出香味，再加入木耳和莴苣，大火快炒至断生。

3．加入葱段、盐、鸡精，翻炒几下即可。

清炒莴苣丝

【原材料】莴苣300克。

【调味料】盐半小匙，花椒6粒，鸡精、植物油各适量。

【做法】 1．莴苣去皮和叶后洗净，切成细丝。

2．锅内加入植物油烧热，放入花椒炸香，倒入莴苣丝，大火快炒片刻。

3．加盐和鸡精调味，翻炒几下即可。

⊙莴苣

麻酱莴苣

⊙莴苣

【原材料】莴苣500克。

【调味料】芝麻酱50克，白糖、盐各1小匙。

【做法】 1．将莴苣去皮洗净，切成0.5厘米粗的条，放入沸水中余烫一下，捞出来沥干水。

2．将芝麻酱放入碗中，加适量温水，再加入盐和白糖，调匀。

3．将调好的芝麻酱淋在莴苣上，拌匀即可。

◇ ◆ 菠菜 ◆ ◇

菠菜于647年由波斯传入中国，古代称"波斯菜"，现在已经是一道非常普通的家常菜了，根和叶子都可以食用。

菠菜的功效

1. 菠菜含有大量的植物粗纤维，具有促进肠道蠕动的作用，利于排便，且能促进胰腺分泌，帮助消化，对患有痔疮、慢性胰腺炎和便秘的人有很好的食疗作用。

2. 菠菜中所含的胡萝卜素，在人体内转变成维生素A，能维护正常视力和上皮细胞的健康，可以提高身体的免疫力。

3. 菠菜中含有丰富的胡萝卜素、维生素C、钙、磷及一定量的铁、维生素E等有益成分，能供给人体多种营养物质。

4. 菠菜中所含微量元素物质，能促进新陈代谢，增强体质。大量食用菠菜，还可以降低中风的危险。

5. 菠菜提取物具有促进培养细胞增殖的作用，可以帮助人体抵抗衰老。

选购支招

市场上的菠菜有两个类型：一个是小叶种，一个是大叶种。两者都是叶柄短、根小色红、叶色深绿的好。如果在冬季，叶色泛红，表示经受过霜冻，吃起来更为软糯香甜。有时会看到菠菜叶子上有黄斑，叶背有灰毛，表示感染了霜霉病，建议不要选购。

烹调窍门

1. 菠菜含草酸较多，烹调前最好先在沸水中烫一下，减少菠菜中的草酸成分，特别是与含钙丰富的食物（如豆腐）搭配时。

2. 食用菠菜时要注意现洗、现切、现吃，不要去根，不要煮烂，以保存更多的叶酸和维生素C。

3. 大便秘结者吃菠菜有利，肠胃虚寒、腹泻患者应少吃菠菜。

4. 食用菠菜时，为了不损失营养，最好带根吃。

鸡丝烩菠菜

⊙海米

原材料

菠菜200克，鸡胸肉100克，水发粉丝50克，海米15克，蒜2瓣，枸杞10粒。

调味料

盐1小匙，清汤、植物油各适量。

做法

1. 将鸡胸肉切成丝，菠菜洗净切成段，海米用开水泡透，蒜洗净切片，枸杞泡透。

2. 锅内加入植物油烧热，放入蒜片、鸡丝炒香，倒入适量清汤，加入海米、枸杞烧开。

3. 再加入菠菜、粉丝，调入盐，用中火煮透入味，盛入碟中即可。

⊙鸡肉

⊙鸡蛋

菠菜炒鸡蛋

【原材料】菠菜100克，鸡蛋2个，葱1小段。

【调味料】盐1小匙，植物油适量。

【做法】 1．将菠菜洗净，切成3厘米长的段，用沸水汆烫一下，捞出
沥干水分；葱洗净切丝；鸡蛋打散放入碗中。

2．锅内加入植物油烧热，倒入鸡蛋，炒熟盛盘。

3．锅内重新加入植物油烧热，放入葱丝爆香，然后倒入菠
菜，加盐翻炒几下。

4．再将炒熟的鸡蛋倒入，翻炒均匀即可。

凉拌菠菜

⊙菠菜

【原材料】菠菜400克，葱小半根，姜1片。

【调味料】盐1小匙，花椒8粒，鸡精适量，植物油少许。

【做法】 1．将菠菜洗净，葱、姜洗净后切丝。

2．菠菜放入沸水锅中汆烫，开始变软时即捞出，放冷水内
过凉，挤净水分，放碗内加盐、鸡精、葱姜丝拌匀。

3．锅内加入少许植物油烧热，加入花椒煸炒出香味，捞出
花椒，将花椒油淋浇在碗内菠菜上，拌匀即可。

菠菜泥鸡蛋

【原材料】鸡蛋4个，菠菜150克。

【调味料】牛奶3大匙，面粉1大匙，黄油1大匙，辣酱油1大匙，胡椒粉
少许，盐、鸡精各适量。

⊙菠菜

【做法】 1．菠菜择去老叶和黄叶，洗净。

2．锅内放入适量清水，烧开，放入菠菜，焯一下，至菠菜
熟，捞出过凉水，控净水，切成泥状；鸡蛋放入沸水中，煮
熟，捞出晾凉，去壳，对半切开，挖出蛋黄。

3．锅内放入黄油、面粉，稍炒片刻，兑入牛奶，放入菠菜
泥、辣酱油、盐、胡椒粉、鸡精，烧开，关火，晾凉。

4．将炒好的菠菜泥填入挖出蛋黄的鸡蛋中，蛋黄搓碎，撒在
鸡蛋上即可。

⊙煮熟鸡蛋切开

◇ ◆ 冬瓜 ◆ ◇

冬瓜是我国传统的秋令蔬菜之一，其显著特点是水分多、热量低，可炒食、做汤、生腌，也可清渍成冬瓜条。

冬瓜的功效

1. 冬瓜含维生素C较多，且钾含量高，钠含量较低，有利于人体内的水电解质平衡，可促进排尿，利水消肿。患有高血压、肾脏病、生理期水肿的人群可经常食用冬瓜，能起到消肿而不伤正气的作用。

2. 冬瓜中所含的丙醇二酸能有效地抑制糖类转化为脂肪，加之冬瓜本身不含脂肪，热量不高，对肥胖人群控制体重、预防过度肥胖也有一定的好处。

3. 冬瓜性寒味甘，清热生津，辟暑除烦，还具有清热解毒的独特功效，在夏日服食尤为适宜。

选购支招

凡个体较大、肉厚湿润、表皮有一层粉末、体重、肉质结实、质地细嫩的均为质量好的冬瓜，反之，其质量就差。如果冬瓜有纹肉，瓜身较轻，则不要购买。肉质有花纹，是因为瓜肉变松；瓜身很轻，说明此瓜已变质，味道很苦。

烹调窍门

1. 冬瓜性凉，不宜生食。

2. 冬瓜有多种烹饪方式和药用价值：炒食、煎汤、煨食、做药膳、捣汁饮、用生冬瓜外敷。

3. 冬瓜是一种解热利尿比较理想的日常食物，连皮一起煮汤，效果更明显。

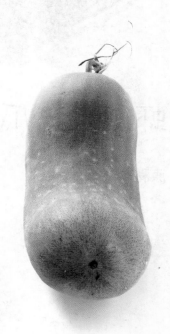

虾皮烧冬瓜

原材料

冬瓜300克，虾皮50克。

调味料

盐、植物油适量。

⊙冬瓜

做法

1. 将冬瓜去皮洗净，切块；虾皮浸泡洗净备用。

2. 锅内加入植物油烧热，放入冬瓜快炒。

3. 加入虾皮和盐，并加少量水，调匀，盖上锅盖，烧透入味即可。

⊙龙利鱼

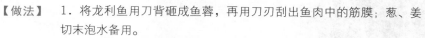

鲜味鱼丸

【原材料】龙利鱼300克，鸡蛋1个。

【调味料】食盐、胡椒粉、葱姜水各适量、水淀粉适量。

【做法】　1．将龙利鱼用刀背砸成鱼蓉，再用刀刃刮出鱼肉中的筋膜；葱、姜
切末泡水备用。

2．将鱼肉中加入适量水淀粉，再加入100克葱姜水拌匀。

3．再加入适量食盐和胡椒粉调味，放入1个蛋清搅打均匀。

4．将调好的肉泥用勺子舀入凉水下锅中，大火煮开后再烫煮20秒左
右即可。

青椒火腿炒冬瓜

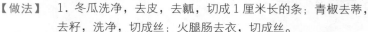

⊙火腿肠

【原材料】冬瓜300克，青椒2个，火腿肠1根。

【调味料】盐、鸡精、植物油各适量。

【做法】　1．冬瓜洗净，去皮，去瓤，切成1厘米长的条；青椒去蒂，
去籽，洗净，切成丝；火腿肠去衣，切成丝。

2．锅内放入适量清水，烧开，放入切好的冬瓜条，煮熟，捞
出控净水，备用。

3．另置一锅，锅内放入适量植物油，烧热，放入火腿肠丝，
炒至出香味，放入青椒丝，稍炒片刻。

4．放入熟冬瓜条，调入盐，翻炒均匀，调入鸡精即可。

⊙青椒

冬瓜烧蘑菇

【原材料】冬瓜500克，蘑菇（鲜）100克。

【调味料】高汤1碗，料酒1小匙，水淀粉1大匙，盐、鸡精、植物油各
适量。

【做法】　1．冬瓜去皮，去瓤，洗净；蘑菇去蒂，洗净，切成块。

2．锅内放入适量清水，烧开，放入冬瓜，焯一下，捞出过凉
水，切成块。

3．锅内放入适量植物油，烧热，放入高汤、蘑菇块、冬瓜
块、料酒、盐、鸡精，大火烧开，转小火。

4．烧至蘑菇、冬瓜入味，用水淀粉勾芡即可。

⊙蘑菇

◇◆荷蒿◆◇

荷蒿有一种很特殊的香味，很多人特别喜爱，荷蒿的幼苗或嫩茎叶可供生炒、凉拌、做汤等食用。

荷蒿的功效

1. 荷蒿中含有香味特殊的挥发油，以及胆碱等物质，有助于宽中理气，消食开胃，可以帮助增加食欲，还有降压、补脑的作用。

2. 荷蒿中所含的粗纤维有助于肠道蠕动，促进排便，达到通腑利肠的目的。

3. 荷蒿内含丰富的维生素、胡萝卜素及多种氨基酸，性味甘平，可以养心安神，润肺补肝，稳定情绪，防止记忆力减退。

4. 荷蒿中含有多种氨基酸、脂肪、蛋白质及较高量的钠、钾等矿物质，能调节人体内水液代谢，通利小便，消除水肿。

选购支招

市场上有尖叶和圆叶两个类型的荷蒿。尖叶荷蒿又叫小叶荷蒿或花叶荷蒿，圆叶荷蒿又叫大叶荷蒿或板叶荷蒿。尖叶种叶片小，缺刻多，吃口粳性，但香味浓；圆叶种叶宽大，缺刻浅，吃口软糯。

春季的荷蒿易抽薹，不要购买抽薹的。

荷蒿病虫害少，农药污染轻，10、11、12月和次年3、4月为最佳食用期。

烹调窍门

1. 荷蒿中的芳香精油遇热容易挥发，应该旺火快炒，不要长时间烹煮。

2. 荷蒿和肉、蛋等荤菜同炒，可以提高其中所含维生素A的利用率。

3. 火锅中加入荷蒿，可促进鱼类或肉类蛋白质的代谢，对营养的摄取有帮助。

4. 荷蒿氽汤或凉拌食用对胃肠功能不好的人非常有利。荷蒿辛香滑利，有腹泻症状的人不宜多食。

凉拌茼蒿

原材料

茼蒿300克，干椒50克。

调味料

白糖3克，酱油10毫升，麻油5毫升，盐适量，味精少许。

做法

1. 干椒洗净后剪成小段入热锅中炝出香味。

2. 将茼蒿去根和老叶，清洗干净，放沸水内烫熟，捞出晾凉后再于水中漂凉，捞出。

3. 将炝好的干椒倒在茼蒿菜上，加调味料一起拌匀即可。

⊙茼蒿

⊙嫩豆腐

虾酱茼蒿炒豆腐

【原材料】豆腐 200克，茼蒿 100克，虾酱 30克，鸡蛋1个，葱、姜末各1小匙。

【调味料】盐1小匙，麻油少许，高汤、植物油各适量，鸡精、胡椒粉各少许。

【做法】 1．将茼蒿洗净切成小段，放入沸水锅中汆烫1分钟左右捞出，沥干水备用；将豆腐切成0.5厘米见方的块，用沸水汆烫一下捞出，沥干水；将鸡蛋打到碗里，加入虾酱拌匀。

2．锅内加入植物油烧热，将豆腐倒入锅中，用小火煎至表皮稍硬。

3．另起锅加植物油烧热，倒入鸡蛋炒碎，加入豆腐、葱姜末、鸡精、胡椒粉、高汤、盐，烧至入味。

4．加入茼蒿，翻炒均匀，淋入麻油即可。

冬菇扒茼蒿

⊙茼蒿

⊙冬菇

【原材料】茼蒿400克，冬菇100克，葱白1段，蒜4瓣。

【调味料】料酒、水淀粉各1大匙，盐1小匙，麻油少许，鸡精少许，植物油适量。

【做法】 1．将茼蒿洗净切段，放入沸水中汆烫一下，沥干；将冬菇洗净，切成小片；葱切段，蒜切片备用。

2．锅内加入植物油烧热，放入葱段、蒜片爆香，再放入冬菇，翻炒至断生。

3．倒入茼蒿，加入料酒、盐，煸炒至熟。

4．用水淀粉勾芡，淋入麻油，加入鸡精炒匀即可。

茼蒿炒肉丝

⊙茼蒿

【原材料】茼蒿300克，猪瘦肉100克，葱半小段，姜1片。

【调味料】酱油2小匙，盐1小匙，麻油少许，鸡精、植物油各适量。

【做法】 1．将茼蒿洗净切段备用，猪瘦肉洗净切丝备用，葱、姜均洗净切丝备用。

2．锅内加入植物油烧热，放入肉丝煸炒，至肉色变白时放入葱丝、姜丝，待炒出香味时烹入酱油。

3．放入茼蒿大火翻炒，待断生时放入盐、鸡精炒匀，淋上麻油即可。

⊙猪瘦肉

◇ ◆ 土豆 ◆ ◇

土豆又称马铃薯，具有很高的营养价值和药用价值，特别适合老人和小孩食用。

土豆的功效

1. 土豆含有大量淀粉以及蛋白质、B族维生素、维生素C等，能帮助促进脾胃的消化功能。

2. 土豆含有大量膳食纤维，能宽肠通便，帮助机体及时排泄代谢毒素，防止便秘，预防肠道疾病的发生。

3. 土豆能供给人体大量有特殊保护作用的黏液蛋白，能保持消化道、呼吸道以及关节腔、浆膜腔的润滑，可帮助预防心血管系统的脂肪沉积，保持血管的弹性。

4. 土豆是一种碱性蔬菜，有利于体内酸碱平衡，中和体内代谢后产生的酸性物质，从而有一定的美容和抗衰老作用。

5. 土豆含有丰富的维生素及钙、钾等微量元素，营养丰富，非常容易消化和吸收，可以辅助调理血压和生理性水肿。

选购支招

市场上的土豆包括两个类型：富含淀粉的粮用品种和蛋白质含量较高、肉质细腻的菜用品种。做菜吃，就要尽量避免购买粮用品种。可以挑选黄肉、肉质致密、水分少的，这种土豆富含胡萝卜素，不仅营养价值高，口感也好。当然购买时也不能只看肉，不看皮，挑选一些表皮光洁，薯形圆整，皮色正（色不正的常为环腐病，切开时有环状褐色斑），芽眼浅的，加工起来也比较方便。

要特别提醒的是，有两种土豆绝对不要买：一是出芽的，二是皮变绿的。这两种土豆在皮层和芽眼附近会形成有毒物质茄苷，食用后会引起中毒。

烹调窍门

1. 土豆适用于炒、炖、烧、炸等烹调方法。

2. 土豆宜去皮吃，有芽眼的部分应挖去，以免中毒。

3. 土豆切开后容易氧化变黑，属正常现象，不会造成危害。

4. 有的人喜欢把切好的土豆片、土豆丝放入水中，去掉太多的淀粉以便烹调，但注意不要泡得太久，泡水时间过长容易致使水溶性维生素等营养流失。

酸辣土豆丝

原材料

土豆300克，青椒、胡萝卜各50克，姜2片。

调味料

醋1大匙，盐1小匙，鸡精少许，植物油适量。

做法

1．将土豆去皮洗净，切成细丝，在淡盐水中浸泡5分钟后捞出备用；将青椒、胡萝卜洗净，切丝备用；姜去皮洗净切丝备用。

2．锅内加入植物油烧热，放入姜丝爆香，倒入土豆丝，淋上醋，用大火炒3～4分钟。

3．放入青椒丝和胡萝卜丝，翻炒几下。

4．加入盐、鸡精，翻炒均匀即可。

⊙土豆

⊙青椒

⊙胡萝卜

⊙土豆

凉拌土豆丝

⊙黄豆芽

【原材料】土豆300克，黄豆芽100克，菠菜50克，葱花2小匙。

【调味料】麻油、醋各1大匙，酱油1小匙，花椒10粒，盐、鸡精各适量。

⊙菠菜

【做法】 1．将土豆去皮洗净，切成极细的丝，放到冷水盆中过一下，捞出放到沸水锅中氽烫至七八成熟，捞出沥干水备用。

2．将菠菜和黄豆芽洗净，分别放到沸水锅中氽烫2分钟，捞出来沥干水备用。

3．将土豆丝、黄豆芽、菠菜放到比较大的盆里，撒上葱花。

4．锅内加入麻油烧热，加入花椒，炸出香味，趁热浇到盆中，加入盐、鸡精、醋、酱油，拌匀即可。

土豆烧牛肉

⊙土豆

【原材料】牛里脊肉300克，土豆150克，葱半根，姜2片。

【调味料】高汤1碗，料酒、酱油、白糖、水淀粉各1大匙，盐1小匙，花椒10粒，八角2粒，鸡精、植物油各适量，麻油少许。

【做法】 1．把牛肉洗净切成3厘米见方的块；土豆削皮洗净，斜切块；葱洗净切段备用。

2．把牛肉放入沸水锅中氽烫透捞出。

3．锅内加入植物油烧热，加入葱段、姜片爆香，然后倒入牛肉，加上酱油、花椒煸炒片刻。

4．加入高汤，放入料酒、白糖、八角同烧,待水沸后，改用小火煮，待肉熟烂时放入土豆同煮。

5．待肉和土豆均熟烂时，取出葱、姜和八角，加入盐、鸡精，用大火烧沸，用水淀粉勾芡，滴入麻油即可。

⊙牛肉

什锦沙拉

⊙黄瓜

【原材料】胡萝卜、黄瓜各1根，土豆、鸡蛋各1个，火腿3片。

【调味料】糖、盐各1小匙，胡椒粉、沙拉酱各适量。

【做法】 1．将胡萝卜洗净，放入沸水中氽烫至熟，切粒备用；黄瓜洗净切粒，用少许盐腌制10分钟；火腿切成细粒备用。

2．将鸡蛋煮熟，蛋白切粒，蛋黄压碎备用；将土豆去皮洗净切片，放入锅中煮10分钟后捞出压成泥备用。

3．将土豆泥拌入胡萝卜粒、黄瓜粒、火腿粒及蛋白粒，加入胡椒粉、糖、沙拉酱拌匀，撒上碎蛋黄即可。

⊙胡萝卜

⊙鸡蛋

◇ ◆ 玉米 ◆ ◇

玉米是大家特别喜爱的一种食材，营养极为丰富，口感也非常好，可以蒸熟了当主食，也可以煲汤、炒菜，做法多样。

玉米的功效

1. 玉米中的维生素含量非常高，黄色玉米中所含的胡萝卜素能够在人体内转化成维生素A，对维护视力特别有益，儿童经常吃玉米，可以预防近视。

2. 玉米中含有的维生素B1，具有参与人体能量代谢，维持心脏、神经及消化系统的正常功能的作用。

3. 玉米中所含的维生素E，可以让肌肤变得更为光滑有弹性，特别适合爱美的女性食用。

4. 除了各种维生素，玉米还含有丰富的碳水化合物、蛋白质、脂肪、亚油酸等。其中碳水化合物的含量最高，达到40%左右，可以为身体提供大量的热量。

5. 玉米含有丰富的膳食纤维，可以促进肠蠕动，帮助预防便秘，促进身体排毒。

选购支招

在购买生玉米时，以挑选七八成熟的为好。太嫩的话，水分太多；太老的话，其中的淀粉增加，蛋白质减少，口味也欠佳。另外建议尽量选择新鲜玉米，其次考虑冷冻玉米。玉米一旦过了保存期限，很容易受潮发霉而产生毒素，购买时注意查看生产日期和保质期。

烹调窍门

1. 玉米发霉后会产生可以致癌的黄曲霉素，所以，发霉的玉米绝对不能食用。

2. 玉米与牡蛎同食会阻碍锌的吸收，最好不要搭配在一起吃。

3. 玉米不宜长期单独食用，否则很容易导致营养不良。

4. 吃玉米时应把玉米粒的胚尖全部吃掉，因为玉米的许多营养都集中在这里。

5. 玉米最好熟吃。尽管在烹调中会使玉米损失一部分维生素C，却能使人获得更有价值的活性抗氧化剂。

玉米排骨汤

原材料

猪排骨200克，玉米1根，葱白2段，姜2片。

调味料

料酒1小匙，盐适量。

做法

1. 将排骨剁成块状，放入沸水中氽烫一下捞出；玉米去皮和丝，洗净切成小段。

2. 将砂锅置于火上，放入清水，倒入排骨、料酒，放入葱、姜，先用大火煮开后，转小火煲30分钟。

3. 放入玉米，一同煲制10～15分钟。拣去姜、葱，加入盐调味即可。

⊙青豆

松子玉米

⊙松子

【原材料】玉米粒200克，松子100克，胡萝卜半根，青豆30克。

【调味料】水淀粉1大匙，麻油1小匙，盐半小匙，植物油少许。

【做法】　1．将玉米粒、青豆洗净，分别放入沸水锅中汆烫一下，捞出备用；胡

萝卜洗净，切丁备用。

　　2．锅内加入植物油烧热，倒入松子，稍变色即捞出控油。

　　3．锅内留少许底油烧热，放入玉米、胡萝卜、青豆翻炒片刻，加入盐

炒匀，用水淀粉勾芡，撒上松子，淋入麻油即可。

⊙玉米

鸡汁玉米

⊙玉米

【原材料】玉米粒200克，鸡胸肉50克，鸡蛋1个。

⊙鸡胸肉

【调味料】鸡汤1碗，盐、白糖、水淀粉各少许。

【做法】　1．将鸡蛋打散，鸡胸肉煮熟撕碎备用。

　　2．将锅置于火上，把鸡汤、玉米粒、鸡肉倒入锅中，加适

量清水煮熟。

　　3．加糖和盐调味，用水淀粉勾芡后倒入蛋液，轻轻搅动，

使蛋液凝固成蛋花即可。

⊙鸡蛋

青椒玉米

⊙青椒

【原材料】鲜玉米150克，青椒25克。

【调味料】盐2小匙，植物油适量。

【做法】　1．将玉米籽洗净沥干；青椒去蒂洗净，切成5厘米长的段。

　　2．将锅置微火上，放入青椒炒蔫铲起；将玉米倒入锅中炒

至断生后盛出。

　　3．锅内加入植物油烧热，倒入青椒、玉米、盐炒匀即可。

⊙玉米

◇ ◆ 海带 ◆ ◇

海带是一种营养价值很高的蔬菜，又名昆布、江白菜，是一种藻类植物。其晒干后可作为食物，常用于中国菜和日本料理。

海带的功效

1. 海带中含有丰富的碘。碘是人体所需的营养素之一，也是怀孕女性需要特别补充的营养素之一，它不仅是甲状腺制造甲状腺素的原料，还能促进蛋白质生物合成和胎儿的生长发育。

2. 海带中还含有大量的甘露醇，而甘露醇具有利尿消肿的作用，可以帮助缓解水肿。

3. 海带中的优质蛋白质和不饱和脂肪酸，对患有心脏病、糖尿病、高血压的人群有一定的防治作用。

4. 海带胶质能促使体内的放射性物质随同大便排出体外，从而减少放射性物质在体内的积聚。长期接触电脑、电视、微波炉等电器的人群需要多食。

选购支招

海带产品目前主要有三种：干海带、盐渍海带和速食海带。

干海带以叶宽厚、色浓绿或紫中微黄、无枯黄叶者为上品。海带是含碘最高的食品，同时还含有一种贵重的营养药品——甘露醇。碘和甘露醇尤其是甘露醇呈白色粉末状附在海带表面，不要将带此粉末的海带当作已霉变的劣质海带。另外，海带经加工捆绑后应选择无泥沙杂质，整洁干净无霉变，且手感不黏者。

盐渍海带食用前一般用温水浸泡，可增重3倍左右，购买时应观察是否为海带自有的深绿色，以壁厚者为佳。

随着海带的营养价值和药用价值越来越被人们所接受，小包装速食海带和深加工产品也逐渐进入大型超市，建议妈妈们尽量从大型超市或商场购买标签完整、有一定品牌知名度的海带产品，尤其注意选择标有"QS"标志的产品。

烹调窍门

1. 由于海水污染，目前市面上出售的海带大部分含有较多的砷。为了保证海带的食用安全，食用前最好将海带用足够的水浸泡24小时，并勤换水，浸泡24小时后再出水晒干贮存，可以防止砷中毒。

2. 炒海带前，最好将洗净的鲜海带用开水汆烫一下，炒出的菜会更加脆嫩鲜美。

3. 海带性寒，烹饪时宜加些性热的姜汁、蒜蓉等加以调和，并且不要放太多油。

椒香海带丝

原材料

海带30克，青椒1个，红椒1个，蒜3瓣。

调味料

醋1大匙，酱油1小匙，盐、白糖、麻油各适量。

做法

1. 海带洗净，用清水泡发，捞出切成细丝；青椒、红椒去蒂，去籽，洗净，切成细丝；蒜去皮，洗净，用压蒜器压碎成蒜蓉。

2. 青椒丝和红椒丝用清水浸泡，至自然弯曲，捞出，控净水备用。

3. 锅内放入适量清水，大火烧开，放入海带丝，焯熟，捞出过冷水，至冷却，捞出控净水。

4. 取一个碟，放入海带丝、青红椒丝、蒜蓉，调入盐、白糖、醋、酱油和适量麻油，搅拌均匀即可。

⊙黄豆

⊙干海带

海带烧黄豆

【原材料】黄豆50克，海带20克，香菇20克，彩椒丝少许，干辣椒2个。

【调味料】酱油1大匙，红糖、盐适量。

【做法】　1．黄豆浸泡2～4小时后洗净；将香菇洗净，海带泡开，都切成小块备用。

　　2．起锅加水（以没过黄豆为宜），将黄豆、香菇、海带一起先用大火煮开后再用小火炖煮20分钟。

　　3．加入酱油、红糖、盐、干辣椒，用小火慢慢煮至汤收干后装盘，撒上彩椒丝点缀即可。

⊙香菇

⊙黄豆芽

黄豆芽拌海带

【原材料】鲜海带300克，黄豆芽100克，蒜2瓣，干辣椒2个，葱小半根，姜1片。

【调味料】醋1大匙，麻油、酱油、白糖、盐各1小匙，鸡精适量。

【做法】　1．将海带洗净，切成细丝，放到盆里；黄豆芽洗净，放到沸水中余烫熟，捞出沥干水，放到海带上面。

　　2．大蒜去皮洗净捣成蒜泥，姜去皮洗净切丝，干辣椒洗净切丝，将三者放入小碗中。葱洗净切成葱花，撒在黄豆芽上。

　　3．锅内加入麻油烧热，浇在装有蒜泥、姜丝、干辣椒丝的小碗内爆香，加入盐、酱油、鸡精、白糖、醋调成芡汁。

　　4．将芡汁浇在黄豆芽和海带上，拌匀即可。

⊙新鲜海带

海带丝拌白菜

【原材料】海带（干）10克，白菜200克，蒜2瓣，青椒1个，红椒1个。

【调味料】酱油1小匙，鸡精少许，白糖、醋、盐、辣椒油各适量。

【做法】　1．海带洗净，放在清水里泡开，切成丝；白菜择洗干净，去帮，切成丝；青椒、红椒去蒂，去籽，洗净，切成细丝；蒜去皮，洗净，切成末。

　　2．将白菜丝、海带丝、青椒丝、红椒丝分别放入沸水锅中焯一下，捞出控净水。

　　3．将酱油、白糖、醋、盐、鸡精和适量辣椒油一起调入白菜丝和海带丝中，拌匀，撒上青椒丝、红椒丝即可。

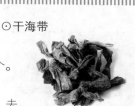
⊙干海带

⊙白菜

◇ ◆ 香菇 ◆ ◇

香菇具有芳香、鲜美的特色，营养丰富，是中外名菜常用的主料、配料之一，深受人们的欢迎。

香菇的功效

1．香菇性平味甘，具有益气补虚、健脾胃、活血之功效。香菇内含有一种氨基酸，可以帮助降低人体血脂和胆固醇，加速血液循环，使血压下降。

2．香菇含有糖类物质，可以帮助提高身体免疫力。

3．香菇中含有大量被称为维生素D原的麦角甾醇，可以在紫外线的照射下转化成维生素D，而维生素D有促进人体吸收钙质的作用。

4．香菇对便秘、消化不良症有一定疗效，还能够调节内分泌系统，防止神经衰弱。

选购支招

香菇的种类比较多，主要有花菇、厚菇、薄菇，以花菇最优，厚菇居中，薄菇最差。菇头如伞，伞顶上有似菊花一样的白色裂纹，色泽竭黄光润，身干，朵小柄短，质嫩肉厚，有芳香气味，即为质好的香菇，又称为花菇；菇头如伞，顶面无花纹，呈粟色并有光泽，质嫩，肉厚，朵稍大，质量较次，称为厚菇；朵大肉薄，色浅褐，平顶，味不浓则更次，称为薄菇或平菇。

烹调窍门

1．清洗香菇的时候不要用手抓洗，这样虽然表面洗净了，泥沙却会顺着水流附着在菌褶里，并变得更难洗净。正确的方法是：用几根筷子或手在水中朝一个方向旋搅，香菇表面及菌褶部的泥沙会随着旋搅而落下来，反复旋搅几次，就能彻底把泥沙洗净。这里要注意，只能朝一个方向旋搅，千万不要来回旋搅，否则沙粒不仅落不下来，已落下来的沙粒还会被反转的水流重新卷入到菌褶中。

2．长得特别大的鲜香菇不要吃，因为它们多是被激素催肥的，大量食用可能产生不良影响。

3．浸泡香菇最好用温水。因为香菇中的鲜味物质只有在温水中才能充分释放，使香菇美味可口。

香菇炒菜花

原材料

菜花250克，香菇(干)5朵，葱丝少许，姜1片。

调味料

鸡汤1碗，水淀粉1大匙，盐1小匙，鸡精、麻油、植物油各适量。

做法

1．将香菇用温水泡发，洗净；菜花洗净，切成小块，放到沸水锅中氽烫一下捞出，沥干水备用。

2．锅内加入植物油烧热，放入葱、姜爆香，加入鸡汤、盐、鸡精烧开。

3．捞出葱、姜，放入香菇、菜花，用小火煨至入味。

4．用水淀粉勾芡，淋上麻油即可。

⊙油菜

⊙竹笋

香菇烧面筋

【原材料】油面筋150克，新鲜香菇、竹笋、油菜各50克。

【调味料】酱油2大匙，水淀粉1大匙，白糖2小匙，料酒少许，鸡精、盐、植物油各适量。

【做法】

1．把油面筋洗净切成方块，香菇洗净后从中间切开成两片，油菜洗净备用。

2．将锅置于火上，加入适量清水烧沸，放入竹笋汆烫片刻，捞出沥干，切片备用。

3．另起锅加入植物油烧热，放入香菇、笋片、油菜，烹入料酒，加入酱油、盐、白糖煸炒片刻，然后加入一大杯水，倒入油面筋继续煮。

4．等汤汁烧到浓稠时，加入鸡精炒匀，用水淀粉勾芡即可。

⊙香菇

香菇白菜炒冬笋

⊙冬笋

⊙白菜

【原材料】白菜200克，干香菇5朵，冬笋半根。

【调味料】盐、鸡精、植物油各适量。

【做法】

1．将白菜洗好，切成3厘米长的段；香菇用温水泡开，摘去蒂，切成小块；冬笋去掉外皮，洗净，切成薄片。

2．锅内加入植物油烧热，放入白菜翻炒片刻，加入适量清水，放入香菇及冬笋，盖上锅盖。

3．待烧开时，加入盐和鸡精，改用小火焖软即可。

香菇盒

⊙香菇

【原材料】猪瘦肉150克，香菇50克，火腿25克，鸡蛋1个，葱半根，姜1片。

【调味料】高汤小半碗，淀粉2大匙，酱油4小匙，盐1小匙。

【做法】

1．将香菇用温水泡发，洗净，捞出摊开压平。

2．猪肉、火腿、葱均洗净切成碎末，将鸡蛋打散，与淀粉、1大匙酱油、半匙盐一起拌匀，制成肉馅待用。

3．将香菇摊开，把调好的肉馅摊在香菇片上，另用一片香菇盖起来，制成香菇盒，然后整齐地平放在大盘子上，上屉蒸15分钟，取出。

4．将剩下的酱油、盐、高汤调成汁，浇在香菇盒上即可。

⊙猪瘦肉

◇ ◆ 豆腐 ◆ ◇

　　豆腐主要是以大豆为原料加工制成的，有南豆腐和北豆腐之分。主要区别在点石膏（或点卤）的多少，南豆腐用石膏较少，因而质地细嫩，水分含量在90%左右；北豆腐用石膏较多，质地较南豆腐老，水分含量在85%～88%。

豆腐功效

　　1. 豆腐是补益清热的食品，常吃可以补中益气、清热润燥、生津止渴、清洁肠胃，帮助增强消化功能，增进食欲。

　　2. 豆腐中还含有丰富的卵磷脂，对大脑的发育有很大的好处。

　　3. 豆腐的蛋白质含量十分丰富，而且豆腐蛋白属完全蛋白，含有人体必需的8种氨基酸，比例也接近人体需要，营养价值很高。

　　4. 豆腐内含植物雌激素，能保护血管内皮细胞不被氧化破坏，常食可减轻血管系统的破坏，预防骨质疏松、乳腺癌的发生。

　　5. 多食豆腐可以令人皮肤光洁细腻，有很好的美容功效。

　　6. 豆腐中所含的大豆蛋白能恰到好处地降低血脂，保护血管细胞，帮助预防心血管疾病。

选购支招

　　豆腐本身的颜色是略带点微黄色，如果色泽过于死白，有可能添加了漂白剂，不宜选购。此外，豆腐是高蛋白质的食品，很容易腐败，尤其是自由市场卖的板豆腐比盒装豆腐更易遭到污染，应多加留意。盒装豆腐需要冷藏，所以需要到有良好冷藏设备的场所选购。当盒装豆腐的包装有凸起，里面豆腐混浊、水泡多且大，则属于不良品，千万不要购买。没有包装的豆腐很容易腐坏，买回家后，应立刻浸泡于水中，并放入冰箱冷藏，烹调前再取出。取出后不要超过4小时，以保持新鲜，最好是在购买当天食用完毕。

烹调窍门

1. 北豆腐口感粗糙，适宜煎、炸、烧、炒和做汤；南豆腐质地细嫩，不适合煎、炸、炒，比较适合做汤。

2. 豆腐中缺少一种人体必需的氨基酸——蛋氨酸，烧菜时如果和其他含蛋白质丰富的食物搭配成菜，可大大提高豆腐中蛋白质的利用率。

3. 豆腐里的皂角苷成分可以促进碘的排泄，容易造成碘缺乏，如果与海带同食，则可以补充碘质，避免出现碘缺乏的情况。

牛肉豆腐

原材料

嫩豆腐300克，牛肉、蒜苗各100克。

调味料

芝麻、花椒面各15克，酱油20毫升，盐、植物油、湿淀粉各适量，鲜汤200毫升。

做法

1. 豆腐切成1厘米见方的小丁，下水略焯；牛肉剁成末；蒜苗切小段。

2. 炒锅下油烧热，下牛肉末炒散，至颜色发黄时，加盐、酱油、花椒面同炒。

3. 依次下入鲜汤、豆腐块、蒜苗段，用湿淀粉勾芡，浇少许熟油，出锅装盘，撒上芝麻即成。

⊙豆腐

雪花豆腐羹

【原材料】黄豆腐250克，河虾20克，鲜香菇1朵。

【调味料】盐、料酒、淀粉、高汤、麻油各适量。

⊙河虾

【做法】 1．将豆腐切薄片，放入开水锅中氽烫后，捞出切碎；鲜香菇洗净，切成小丁备用。

2．把高汤倒入锅中，小火煮沸，放入豆腐、河虾和鲜香菇丁，慢慢搅动。

3．滚开后，用淀粉加水勾芡，淋上几滴麻油，加入盐和料酒，待汤再次沸腾即可。

西红柿炒豆腐

⊙西红柿

【原材料】西红柿2个，豆腐1块，葱末1小匙，姜1片。

【调味料】盐1小匙，糖、植物油各适量。

【做法】 1．将西红柿洗净，切块；豆腐洗净，切成2厘米见方的块，放入沸水中氽烫一下，捞出沥干水备用。

2．锅内加入植物油烧热，放入葱末、姜片爆香，倒入西红柿翻炒至有汤汁流出来。

3．将豆腐放入继续翻炒，至豆腐熟透入味，加入盐和糖炒匀即可。

⊙豆腐

笋片香菇烧豆腐

【原材料】豆腐200克，笋片、香菇各100克。

【调味料】盐1小匙，蚝油、植物油各适量。

【做法】 1．将香菇去掉根部，洗净，切成厚片；豆腐洗净后切成3厘米见方、1厘米厚的片，放入沸水中氽烫一下，捞出控干水分备用。

⊙豆腐

2．锅内加入植物油烧热，放入豆腐片稍微煎一下，待表皮煎黄后放入笋片、香菇和蚝油炒匀。

3．放一点点清水，用中火烧5分钟，加盐调味即可。

⊙冬笋

⊙香菇

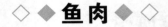

◇ ◆ 鱼肉 ◆ ◇

　　鱼类种类繁多，大体上分为海水鱼和淡水鱼两大类。不论是海水鱼还是淡水鱼，其所含的营养成分大致是相同的，所不同的只是各种营养成分的多少而已。

鱼肉的功效

　　1. 鱼肉的营养非常全面，不但富含优质蛋白质、不饱和脂肪酸、氨基酸、卵磷脂、叶酸、维生素A、维生素B2、维生素B12等营养物质，还含有钾、钙、锌、铁、镁、磷等多种矿物质，这些都是身体必需的营养物质。

　　2. 鱼肉中的不饱和脂肪酸能够促进脑部神经系统和视神经系统的发育。

　　3. 鱼肉还具有滋补、健胃、清热解毒、利水消肿的功效。

选购支招

　　新鲜鱼的鳞片紧贴鱼体，有光泽；眼睛凸出，清澈透明；鳃鲜红，鳃盖和嘴闭合；鱼肚子一般不胀大，用手摸时有腻滑感，按压时会觉得结实有弹性，压下去的手指痕迹很快消失；放在水里沉底。

　　不新鲜的鱼鳞片无光泽，容易脱落，眼珠凹陷而混浊，鳃呈灰红色或淡棕色，肚子胀大，肛门突出。用手按压时，肉体发软且无弹性，手指压痕不易复原，放在水中不下沉。不新鲜的鱼营养价值降低，而且鱼肉里的氨基酸分解成有毒物质，所以最好不要吃不新鲜的鱼。

烹调窍门

　　1. 鱼的表皮有一层黏液，非常容易打滑，切鱼前将手放在盐水里浸泡一会儿再切，就不会打滑了。

　　2. 鱼肉肉质细嫩，纤维短，极易破碎，切鱼时应将鱼皮朝下，刀口斜入，顺着鱼刺切，就会不容易碎。

　　3. 将鱼去鳞剖腹洗净后放入盆中，倒入一些黄酒或牛奶腌一会儿，能除去鱼的腥味，并使鱼的味道更加鲜美。

　　4. 油炸前，在鱼块中加几滴醋、几滴酒，腌3~5分钟，炸出来的鱼块香而味浓。

　　5. 烧鱼时火力不宜太大，加水不宜多，稍淹没锅中的鱼为宜，边烧边把汤汁淋在鱼上，可使鱼肉不至于被烧烂。

天麻鱼

原材料

草鱼1条，天麻10克，黄酒200克。

调味料

葱、姜、盐、糖、胡椒粉、料酒、植物油各适量。

做法

1. 将10克天麻放入200克黄酒中，蒸30~40分钟后晾凉，加入10克盐、100克糖，搅匀备用。

2. 将草鱼去头，剔去刺，切成片，鱼片不要切太薄，要带鱼皮，然后往鱼片中放入葱、姜、料酒、胡椒粉进行腌制。

3. 锅中加入适量的油，在油温六七成热时，下鱼片炸制2~3分钟。

4. 将炸好的鱼片捞出，趁热放入已制好的黄酒当中，片刻后捞出即可。

⊙鱼肉

美味鱼吐司

⊙面包

【原材料】鱼肉150克，面包150克，鸡蛋清1个，葱花、姜末各1小匙。

【调味料】料酒、淀粉、盐各1小匙，果酱、植物油各适量，鸡精少许。

【做法】　1．鱼肉去皮、骨，洗净剁成泥，加蛋清、葱、姜、料酒、淀粉、鸡
精、盐一起拌匀；将面包切去边皮，切成4～5毫米厚的片备用。

2．将鱼泥分成4份，均匀地抹在切好的面包上。

3．锅内加入植物油烧热，放入面包片，炸成金黄色。

4．将每片面包切成8个小块，蘸上果酱，即可食用。

草鱼炖豆腐

【原材料】草鱼1条，豆腐1块，青蒜1根。

【调味料】鸡汤300克，料酒、酱油、白糖、盐各1小匙，麻油少许，植
物油适量。

⊙草鱼

【做法】　1．将草鱼洗净，切成大块；豆腐洗净，切成2厘米见方的块
备用；青蒜洗净切末备用。

⊙豆腐

2．锅内加入植物油烧至八成热，放入鱼块过油后，加入料
酒、酱油、白糖、鸡汤、盐，先用大火烧开，再用小火焖煮。

3．待鱼入味后，放入豆腐块，先用大火烧开，再用小火焖5
分钟。

4．放入青蒜末，淋上麻油即可。

菠萝鱼片

【原材料】鲑鱼片200克，菠萝100克（1/8个），葱1棵，姜2片。

【调味料】淀粉1小匙，盐半小匙，植物油适量。

【做法】　1．菠萝去皮，切成小块备用；葱洗净切段；鱼片洗净擦干，两面皆
抹上盐、淀粉。

⊙菠萝

2．锅内加入植物油烧热，放入鲑鱼片，用大火煎至两面半熟微焦，
盛起。

3．锅中留少许底油烧热，放入菠萝、葱段、姜片，以中火炒至菠萝
出水，再加入煎好的鲑鱼，以小火慢熬至菠萝汁渗入鱼片中即可。

⊙鱼肉

◇ ◆ 虾 ◆ ◇

虾含有高质量的蛋白质，也叫海米、开洋，主要分为淡水虾和海水虾。我们常见的青虾、河虾、草虾、小龙虾等都是淡水虾，对虾、明虾、基围虾、琵琶虾、龙虾等都是海水虾。

虾的功效

1. 虾营养丰富，肉质松软，容易消化，没有腥味和骨刺，并且味道鲜美，是补充营养的最佳食物之一。

2. 虾含有丰富的蛋白质，且通乳作用较强，特别适合哺乳期妈妈食用。

3. 虾肉中所含的钙，是人体骨骼和牙齿的重要构成成分。

4. 虾中含有丰富的镁，镁对心脏活动具有重要的调节作用，能很好地保护心血管系统，减少血液中胆固醇含量，有利于预防高血压。

选购支招

买虾的时候，要挑选虾体完整、甲壳密集、外壳清晰鲜明、肌肉紧实、身体有弹性，并且体表干燥洁净的。至于肉质疏松、颜色泛红、闻之有腥味的，则是不够新鲜的虾，不宜食用。一般来说，头部与身体连接紧密的，就比较新鲜。

烹调窍门

1. 海虾属于寒凉食物，食用时最好和姜、醋等佐料搭配，可以中和虾的寒性。

2. 烹饪前，一定要将虾背上的虾线挑去，否则不但影响口感，营养价值也会打折扣。

3. 有些干虾要经过浸发才可以烹煮。这时候就要注意：第一次浸虾的水异味很重，不能用来烹煮，第二次浸的水才可用来烹煮。

4. 虾含有比较丰富的蛋白质和钙等营养物质。如果把虾与含有鞣酸的水果，如葡萄、石榴、山楂、柿子等同食，会降低蛋白质的营养价值，而且鞣酸和钙离子结合形成不溶性结合物刺激肠胃，会引起人体不适，出现呕吐、头晕、恶心和腹痛腹泻等症状。

蒜蓉炒盐酥虾

原材料

海虾250克，红色美人椒2根。

调味料

蒜2瓣，香葱2根，鸡精3克，盐5克，白胡椒粉1克，植物油适量。

做法

1. 香葱择洗干净，切成葱花；蒜切成蒜碎；红色美人椒斜切成圈。

2. 海虾挑去泥肠，洗净，去掉须、脚，再用刀从虾背对半切开，不要切断。

3. 炒锅中倒入油，中火烧至六成热，放入虾炸酥，捞出，沥干油分。

4. 锅中留下底油烧热，放入葱花、蒜碎、红椒圈爆香，放入炸过的虾、鸡精、盐、白胡椒粉翻炒均匀即可。

鱼香虾球

⊙对虾

【原材料】对虾400克，蛋清1个，泡椒10克，葱半根，姜1片，蒜2粒。

【调味料】高汤、植物油各适量，淀粉4小匙，料酒、醋各2小匙，酱油、盐、白糖各1小匙，麻油少许。

【做法】　1．将大虾去壳，用刀从虾背部片成合页形，洗净，控干水。用2小匙淀粉、1小匙料酒、半小匙盐、蛋清调成浆汁，为大虾上浆。

　　2．将其余的料酒、盐、白糖、酱油、醋、高汤、淀粉放到一个碗里，兑成芡汁。泡椒、葱、姜、蒜剁成末备用。

　　3．锅内加入植物油烧至六成热，放入虾肉，滑透后倒入漏勺中控油。

　　4．锅中留少许底油，倒入泡椒，葱、姜、蒜末，翻炒均匀，倒入调味汁，炒至汁色发亮，倒入虾球炒匀即可。

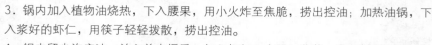

腰果熘虾仁

⊙虾仁

【原材料】虾仁300克，腰果50克，熟火腿（瘦）30克，蛋清1个，葱、姜各少许。

【调味料】盐、鸡精、胡椒粉、淀粉、料酒各少许，鸡汤、植物油各适量。

【做法】　1．将虾仁洗净，沥干水放入碗中，加入蛋清、盐和1小匙淀粉搅匀，为虾仁上浆。将鸡汤、鸡精、胡椒粉和剩余的淀粉放入碗中，兑成芡汁。

　　2．将腰果洗净，放入沸水中余烫5分钟左右，捞出来沥干水备用；熟火腿切成小丁；葱洗净切葱花；姜洗净切末备用。

　　3．锅内加入植物油烧热，下入腰果，用小火炸至焦脆，捞出控油；加热油锅，下入浆好的虾仁，用筷子轻轻拨散，捞出控油。

　　4．锅中留少许底油，放入姜末爆香，加入虾仁、火腿、葱花，烹入料酒和芡汁，翻炒均匀，再加入腰果、盐，炒均即可。

⊙腰果

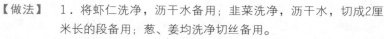

韭菜炒虾仁

【原材料】虾仁300克，韭菜150克，葱白1段，姜1片。

【调味料】料酒、酱油各1小匙，盐半小匙，高汤、麻油、鸡精、植物油各适量。

⊙韭菜

【做法】　1．将虾仁洗净，沥干水备用；韭菜洗净，沥干水，切成2厘米长的段备用；葱、姜均洗净切丝备用。

　　2．锅内加入植物油烧热，放入葱、姜爆香，倒入虾仁煸炒2~3分钟，烹料酒，加酱油、盐、高汤，稍焖一会儿。

　　3．倒入韭菜，大火快炒至韭菜断生，淋入麻油，加入鸡精，炒匀即可。

⊙虾仁

◇ ◆ 鸡肉 ◆ ◇

鸡肉的脂肪含量比较低，且多为不饱和脂肪，特别受注重饮食调养的家庭青睐。

鸡肉的功效

1. 鸡肉中含有丰富的优质蛋白质，并且很容易被人体吸收利用，可以快速地帮助增强体力、强壮身体。

2. 鸡肉中的脂肪含量很低，适合肥胖人士和女性食用，避免摄入大量脂肪、增加体重。

3. 鸡肉中含有大量的磷脂和维生素A，可以促进大脑和视神经发育。

4. 鸡肉可以温中益气，补精添髓，对产后乳汁不足、水肿、食欲不振等虚弱症状有比较好的疗效，是产后妈妈滋补的佳品。

选购支招

市场上一般有两种鸡肉，一种是新鲜鸡肉，另一种是冻鸡肉。

新鲜的鸡肉，鸡的眼球饱满，皮肤有光泽，因品种不同会呈淡黄、淡红和灰白等颜色，肌肉切面具有光泽，且具有鲜鸡肉的正常气味。新鲜鸡肉表面微干或微湿润，不黏手，手指按压后的凹陷能立即恢复。

优质的冻鸡肉在解冻后，鸡的眼球饱满或平坦，皮肤有光泽，因品种不同而呈黄、浅黄、淡红、灰白等颜色，肌肉切面有光泽，且有正常气味。鸡肉表面微湿润，不黏手，手指按压后的凹陷恢复慢，不能完全恢复。

市场上的一些不法商贩会贩卖一些注水鸡，在购买的时候一定要注意观察。一般注过水的鸡，翅膀下会有红针点或乌黑色，皮层还有打滑的现象，肉质也特别有弹性，用手轻轻拍一下，就会发出"噗噗"的声音。购买的时候，用手指在鸡腔内膜上轻轻抠几下，如果是注过水的鸡，就会有水从肉里流出来。

烹调窍门

1. 鸡屁股是鸡全身淋巴最集中的地方，也是储存病菌、病毒和致癌物的"仓库"，不能吃，在烹调前一定要摘除。

2. 鸡肉中含有谷氨酸钠，可以说是"自带味精"，烹调鲜鸡时只须放油、盐、葱、姜、酱油等调料，不用放鸡精，味道就很鲜美。

3. 烹调鲜鸡时不宜放花椒、八角等厚味的调料，这样会把鸡的鲜味驱走或掩盖住，但经过冷冻的光鸡由于事先没有开膛，通常有一股异味，烹调时可以适当放些花椒、八角，有助于驱除鸡肉中的异味。

芦笋鸡柳

原材料

鸡脯肉200克，芦笋200克，胡萝卜100克，葱末、姜末各1小匙。

调味料

水淀粉1大匙，料酒、酱油各2小匙，盐1小匙，麻油、植物油各适量。

做法

1．将鸡肉洗净切条，用1小匙料酒和1小匙酱油腌制5分钟；芦笋洗净，切成小段；胡萝卜洗净切条备用。

2．锅内加入植物油烧热，放入葱末、姜末爆香，依次倒入鸡肉、胡萝卜和芦笋，加料酒和盐炒至断生。

3．用水淀粉勾芡，淋入麻油即可。

⊙鸡肉

⊙榨菜

榨菜炒鸡丝

【原材料】鸡肉300克，榨菜100克，葱1小段。

【调味料】淀粉2小匙，醋、酱油、料酒各1小匙，盐半小匙，白糖、鸡精、植物油各少许。

【做法】　1．将鸡肉洗净，切成细丝，加入淀粉和一半料酒、盐调匀，腌制10分钟左右；将榨菜用清水淘洗几遍，洗净切丝备用；将葱洗净切小段备用。

　　2．锅内加入植物油烧至四成热，倒入鸡肉炒散，加入酱油，翻炒至鸡肉上色。

　　3．倒入榨菜，加入白糖、醋、葱段和余下的料酒、盐，翻炒均匀。

　　4．加入鸡精，炒匀即可。

⊙洋葱

茄汁煎鸡腿

⊙鸡蛋

【原材料】鸡腿300克，西红柿2个，鸡蛋、洋葱各1个，生菜叶适量。

【调味料】面粉1小匙，盐半小匙，白糖、植物油各适量，胡椒粉少许。

⊙鸡腿

【做法】　1．将鸡腿洗净，去骨后切成块，放入碗中；将鸡蛋打入鸡腿中，加入面粉、盐、胡椒粉拌匀，腌制10分钟左右；将西红柿洗净，切成小片；洋葱洗净，切小片备用；生菜叶洗净备用。

　　2．取一半西红柿片，挤出汁水，加入白糖，调成甜茄汁。

　　3．锅内加入植物油烧热，放入洋葱片煎香。

　　4．倒入鸡腿，用小火煎熟，取出控干油，放入盘中。

　　5．将余下的西红柿片和生菜围在鸡腿边，淋上甜茄汁即可。

⊙西红柿

猴头菇煨鸡

⊙猴头菇

【原材料】母鸡1只，猴头菇200克，水发冬笋50克，菠菜30克，葱半根，姜2片。

【调味料】料酒、淀粉、酱油各2小匙，盐1小匙，花椒8粒，八角2粒，清汤、植物油各适量。

⊙母鸡

【做法】　1．将鸡洗净剔去头、爪、鸡架、腿骨，切成4厘米见方的块，放入盆内，加入料酒、酱油、淀粉拌匀，腌20分钟左右。

　　2．猴头菇洗净，沥干水，切成0.5厘米厚的大片备用；菠菜洗净，放入沸水中汆烫熟，捞出沥干水备用；水发冬笋洗净，切成小片；葱洗净，切段备用。

　　3．锅内加入少量植物油烧热，放入花椒炸出花椒油盛出备用；锅内继续加入植物油烧至六成热，下入鸡块炸成黄色，捞出控油。

　　4．另起锅加油烧热，倒入葱、姜爆香，加入八角、酱油、料酒、清汤，大火烧开。

　　5．捞出姜、葱、八角，放入炸好的鸡块和猴头菇、笋片，大火烧开，再用小火炖1小时左右，待鸡肉熟烂，下入菠菜和盐，淋入花椒油即可。

◇◆ 鸭肉 ◆◇

鸭肉蛋白质含量比畜肉的高得多，脂肪含量适中而且分布较均匀，是一种美味佳肴，适于滋补，是各种美味名菜的主要原料。

鸭肉的功效

1. 鸭肉中的脂肪酸熔点低，极易消化。

2. 鸭肉所含的B族维生素和维生素E较其他肉类多，能有效抵抗脚气病、神经炎和多种炎症。

3. 鸭肉中含有较为丰富的烟酸，它是构成人体内两种重要辅酶的成分之一，对患有心脏疾病的人群有很好的保护作用。

4. 鸭肉性味甘、寒，具有滋补、养胃、补肾、消水肿、止咳化痰等作用。多食鸭肉，对患有食欲不振、大便干燥和水肿的人群有很好的疗效。

选购支招

在选购鸭子的时候，可以从三个方面来辨别鸭子的好坏。

首先观察鸭子的颜色。鸭的体表光滑，呈乳白色，切开后切面呈玫瑰色，说明是优质鸭；如果鸭皮表面渗出轻微油脂，可以看到浅红或浅黄颜色，同时内切面为暗红色，则表明鸭的质量较差；已经变质的鸭子可以在体表看到许多油脂，色呈深红或深黄色，肌肉切面为灰白色、浅绿色或浅红色。

其次闻鸭子的味道。好的鸭子香味四溢；一般质量的鸭子可以从其腹腔内闻到腥霉味；若闻到较浓的异味，则说明鸭已变质。

再次就是看鸭子的外形。新鲜质优的鸭，形体一般为扁圆形，腿的肌肉摸上去结实，有凸起的胸肉，在腹腔内壁上可清楚地看到盐霜；反之，若鸭肉摸上去松软，腹腔潮湿或有霉点，则鸭的质量不佳；变质鸭肌肉摸起来软而发黏，腹腔有大量霉斑。

烹调窍门

1. 烹调时加入少量盐，肉汤会更鲜美。

2. 公鸭肉性微寒，母鸡肉性微温。入药以老而白、白而骨乌者为佳。用老而肥大之鸭同海参炖食，具有很好的滋补功效。

3. 鸭肉与海带共炖食，可软化血管，降低血压，对高血压、心脏病有较好的疗效。

4. 炖制老鸭时，加几片火腿肉或腊肉，能增加鸭肉的鲜香味。

5. 清蒸、炖或烧整鸭前，要先用刀平着把鸭的胸脯拍塌，腿节拍断，这样制作出的鸭骨头能顺利脱掉。

鸭肉烧冬瓜

原材料

鸭肉200克，冬瓜1块，丝瓜2根，红彩椒、玉米须、豆蔻、冬瓜皮各适量。

调味料

葱、姜、蒜、淀粉、酱油、料酒、老抽、植物油各适量。

做法

1. 冬瓜、丝瓜切块，丝瓜可以多留些瓜皮。

2. 玉米须、豆蔻、冬瓜皮煮水5分钟，盛出备用；葱、姜、蒜切末备用。

3. 鸭肉切片，加入酱油、料酒、1勺淀粉上浆，拌匀。

4. 锅中倒入底油，放入上好浆的鸭肉片，加入葱、姜、蒜炒香，放入一点点酱油。

5. 放入切好块的冬瓜和丝瓜，加入适量的老抽上色，再倒入用玉米须、豆蔻、冬瓜皮煮好的水，烧制4分钟后加入红彩椒，调好颜色即可出锅。

⊙鸭肉

青椒鸭片

⊙青椒

【原材料】鸭肉250克，青椒50克，鸡蛋清1个，葱末1小匙。

【调味料】料酒、水淀粉各2小匙，盐1小匙，鸡精少许，植物油适量。

【做法】　1．将鸭肉洗净，切成薄片，放入鸡蛋清搅拌均匀；青椒洗净，切片备用。

　　　　　2．锅内加入植物油烧热，放入鸭片快速翻炒，捞出沥油。

　　　　　3．锅中留少许底油烧热，放入葱末爆香，倒入青椒、料酒、盐及少量清
水，烧开后倒入鸭片翻炒均匀，放入鸡精，用水淀粉勾芡即可。

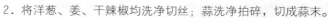

红烧鸭

⊙洋葱

【原材料】鸭1只，洋葱（白皮）100克，大蒜3瓣，姜3片。

【调味料】料酒、老抽各1大匙，生抽、盐各2小匙，八角3粒，
干辣椒3个，鸡精、桂皮各少许，植物油适量。

【做法】　1．鸭肉洗净切成块，加入老抽、1小匙盐、半大匙料
酒腌制30分钟。

　　　　　2．将洋葱、姜、干辣椒均洗净切丝；蒜洗净拍碎，切成蒜末。

　　　　　3．锅内加入植物油烧热，倒入鸭肉过油，待鸭肉颜色变深时，捞出控油。

　　　　　4．锅中留少许底油烧热，放入姜丝爆香后加入洋葱和蒜末炒出香味，
加入鸭块、桂皮、八角继续翻炒。

　　　　　5．加入水（以刚没过鸭块为宜），放入干辣椒丝、料酒、盐、生抽，加
盖用大火煮开后，改用中火收汁，最后加入鸡精炒匀即可。

⊙鸭肉

老鸭煲海带

⊙鸭肉

【原材料】老鸭1只，海带50克。

【调味料】陈皮2片，盐适量。

【做法】　1．老鸭洗净切掉鸭尾，放入沸水中汆烫一下捞出。

　　　　　2．陈皮放入温水中浸软，刮去瓤备用；海带泡发，洗净，打结备用。

　　　　　3．将砂锅置于火上，倒入适量清水煮沸，将所有材料放入煲内，用大
火煮20分钟，再改用小火熬2个小时，调入盐即可。

⊙海带

◇◆ 牛肉 ◆◇

牛肉所含蛋白质中含丰富的人体必需的氨基酸成分，所以营养价值很高，是日常生活中常见的一种肉食，我们平常所吃的牛肉一般是黄牛肉或水牛肉。

牛肉的功效

1. 牛肉含有丰富的蛋白质，并且其中氨基酸组成比其他肉类更接近人体需要，这对提高身体免疫力、促进机体的生长发育具有很好的作用。

2. 牛肉中还含有比较多的锌，并且很容易被人体吸收和利用。锌是一种有助于合成蛋白质、促进肌肉生长的抗氧化剂。

3. 牛肉中的脂肪含量很低，适量吃些牛肉，不但可以补充营养，还可以收到补中益气、滋养脾胃、强健筋骨的保健功效。

选购支招

新鲜的牛肉具有鲜肉味，肌肉有光泽且红色均匀，脂肪呈洁白或淡黄色，外表微干或有风干膜，不黏手，弹性也很好；变质的牛肉有异味甚至是臭味，肌肉色暗无光泽，脂肪呈黄绿色，外表黏手或极度干燥，新切面发黏，指压后凹陷不能恢复，会留有明显的压痕。

老牛肉的肉色深红，肉质较粗；嫩牛肉肉色浅红，肉质坚而细且富有弹性。

烹调窍门

1. 牛肉的纤维较粗，结缔组织又多，切的时候应该横切，将牛肉的长纤维切断，否则不仅没办法入味，还不容易嚼烂。

2. 煮牛肉时在锅里放一个山楂、一块橘皮或一点茶叶，牛肉易烂，并能较好地保存牛肉中的营养成分。

3. 红烧牛肉时，加少许雪里蕻，肉味会更加鲜美。

4. 煮老牛肉的前一天晚上把牛肉涂上一层芥末，第二天用冷水冲洗干净后下锅煮，煮时再放点酒和醋，这样处理之后老牛肉容易煮烂，而且肉质变嫩，色佳味美，香气扑鼻。

生菜牛肉

原材料

牛肉300克，生菜100克，鸡蛋2个，葱末、姜末各2小匙。

调味料

白糖2大匙，料酒、醋、淀粉各1大匙，盐各2小匙，胡椒粉、鸡精各少许，植物油适量。

做法

1. 将料酒、1小匙盐、2大匙白糖、1小匙醋、胡椒粉、鸡精放入碗中调成芡汁备用；将牛肉洗净放入沸水中氽烫一下捞出，倒入芡汁腌制一个半小时。

2. 将牛肉放入蒸笼中蒸，熟后取出晾凉，切成长4厘米、宽1厘米、厚1厘米的片。

3. 将鸡蛋打入碗内，加入淀粉调成浆，抹在牛肉片上。

4. 锅内加入植物油烧至八成热，放入牛肉片，炸至金黄色时，捞出控干，码放在盘子的左边。

5. 将生菜洗净切丝，装在牛肉盘的右边即可。

⊙牛肉

⊙菠萝

菠萝牛肉片

【原材料】牛肉250克，菠萝150克，蛋清1个。

【调味料】番茄沙司4小匙，水淀粉1大匙，淀粉1小匙，盐、鸡精各少许，植物油适量。

【做法】 1．牛肉洗净，切成薄片，用蛋清、淀粉拌匀；菠萝去皮和芯，切成薄片备用。

2．锅内加入植物油烧至七成热，倒入牛肉片过油，待肉片变色，盛出备用。

3．锅中留少许底油烧热，倒入菠萝片炒匀，加盐、清水，大火烧开，煮3分钟。

4．倒入牛肉，加入番茄沙司、鸡精，烧沸，小火煮5分钟，用水淀粉勾芡即可。

⊙荷兰豆

荷兰豆炒牛里脊

⊙胡萝卜

【原材料】牛里脊肉300克，荷兰豆100克，胡萝卜50克，姜末1小匙，姜汁少许。

【调味料】酱油、料酒、白糖、淀粉各1小匙，盐少许，植物油适量。

【做法】 1．将牛肉洗净，切成薄片，用淀粉、料酒、姜汁、酱油拌匀，腌制10分钟；荷兰豆洗净备用；胡萝卜洗净切片备用。

2．锅内加入植物油烧热，倒入牛肉片炒至变色，加入荷兰豆、胡萝卜片翻炒1分钟。

3．加入料酒、姜末、白糖和盐，炒至牛肉断生即可。

⊙牛里脊

牛肉烩西蓝花

【原材料】牛里脊肉300克，西蓝花100克，水发黑木耳、洋葱丁各少许。

【调味料】红酒、红糖、酱油、盐、鸡精、植物油各适量，黑胡椒粉少许。

【做法】 1．牛肉洗净，切小片，用红酒、红糖、酱油、鸡精、少量盐和黑胡椒粉腌30分钟；黑木耳洗净，撕成小片。

2．锅中倒入适量的油，放入牛肉、西蓝花煸炒。

3．待牛肉变色，倒入黑木耳和洋葱丁，调入适量腌牛肉的料汁，翻炒均匀即可出锅。

⊙牛肉

⊙西蓝花

◇ ◆ 猪肝 ◆ ◇

猪肝是猪的体内储存养料和解毒的重要器官，含有丰富的营养物质，具有营养保健功能，是最理想的补血佳品之一。

猪肝的功效

1. 猪肝中铁质含量丰富，是补血最常用的食物，食用猪肝可以帮助预防缺铁性贫血。

2. 猪肝中含有丰富的维生素A，可以保护眼睛。

3. 经常食用猪肝还能补充维生素B2，它具有促进胎儿发育、预防早产的功效，适合孕期女性食用。

4. 猪肝中还具有一般肉类食品不含的维生素C和微量元素硒，可以帮助增强身体的免疫力，还具有抗氧化、防衰老的作用。

选购支招

新鲜的猪肝颜色呈褐色或紫色，有光泽，其表面或者切面没有水泡，用手接触能够感觉到有弹性，没有硬块。如果猪肝的颜色暗淡，没有光泽，而且表面起皱、萎缩，闻起来有异味，则是不新鲜的。另外，有的猪肝表面有菜籽大小的小白点，这是致病物质侵袭肌体后，肌体保护自己的一种肌化现象。把白点割掉仍可食用，如果白点太多就不要购买。

烹调窍门

1. 肝脏是动物体内最大的毒物中转站和解毒器官，买回的鲜肝不要急于烹调，应该先在自来水龙头下冲洗10分钟，然后在水中浸泡30分钟，再烹调食用。

2. 猪肝常有一种特殊的异味。烹制前，先用水将肝血洗净，剥去薄皮，放入盘中，加适量牛奶浸泡几分钟，即可清除猪肝的异味。

3. 烹调时间不能太短，至少应该在急火中炒5分钟以上，使肝完全变熟，再食用。

4. 猪肝要现切现做。切开后的猪肝放置时间一长，汁液就会流出来，不仅损失养分，炒熟后还会有许多颗粒凝结在猪肝上，影响外观和口感。

5. 猪肝切片后应迅速用调料和湿淀粉拌匀，并尽早下锅。

青椒炒猪肝

原材料

猪肝300克，青椒1个，红椒1个，葱1根，蒜末少许。

调味料

淀粉、酱油、鸡精、盐各少许，植物油适量。

做法

1. 猪肝洗净切片，用少许鸡精、酱油、淀粉腌10分钟；青椒、红椒洗净切片；葱洗净切斜段。

2. 锅内注入清水，烧沸，放入猪肝汆烫至变色，捞出沥干备用。

3. 另起锅，放油烧热，倒入蒜末、青椒、红椒炒片刻，加入猪肝同炒，加盐、鸡精调味，最后加入葱段炒至变软即可。

⊙猪肝

胡萝卜炒猪肝

⊙猪肝

⊙胡萝卜

【原材料】猪肝200克，胡萝卜100克，干黑木耳10克，青蒜末1大匙，蒜3瓣，姜1片。

【调味料】料酒1大匙，盐、淀粉各1小匙，胡椒粉、植物油各适量。

【做法】1．将黑木耳用温水泡发洗净，撕成小朵备用；将猪肝洗净切片，用料酒、胡椒粉、半小匙盐、淀粉拌匀；胡萝卜洗净切片备用；姜切丝，蒜洗净切片备用。

2．锅内加入植物油烧至八成热，倒入猪肝，大火炒至变色盛出。

3．锅内留少许底油烧热，倒入姜丝、蒜片爆香，加入胡萝卜、黑木耳、盐翻炒至熟。

4．加入猪肝、青蒜末，翻炒几下即可。

⊙黑木耳

泡椒炒猪肝

⊙黄瓜

【原材料】猪肝100克，黄瓜、水发木耳、甜椒各50克，泡红辣椒10克，葱白1段，姜1片，蒜2瓣。

【调味料】淀粉2小匙，料酒、盐、白糖、白醋、生抽各1小匙，鸡精、植物油各适量。

【做法】1．将猪肝洗净切成薄片，用料酒、淀粉和半小匙盐腌制入味；黄瓜洗净切成薄片；甜椒洗净，切成1厘米左右宽的条；水发木耳洗净，撕成小朵；泡红辣椒用清水淘洗几遍，切成碎丁；葱、姜、蒜均洗净切末备用。

2．将剩下的盐、白糖、生抽、白醋、鸡精放到一个小碗里，兑成芡汁备用。

3．锅内加入植物油烧热，倒入葱、姜、蒜、泡红辣椒炒出香味，倒入芡汁，大火收汁，盛出备用。

4．另起锅加入植物油烧热，倒入猪肝，大火炒熟。

5．加入黄瓜、木耳、甜椒，翻炒几下，倒入第3步中的味汁，翻炒均匀即可。

⊙猪肝

菠萝炒猪肝

⊙猪肝

【原材料】猪肝100克，菠萝肉100克，水发木耳50克，葱半根。

【调味料】水淀粉4小匙，白糖1大匙，麻油、醋各2小匙，酱油1小匙，盐半小匙，植物油适量。

【做法】1．猪肝洗净，切成薄片放入碗中，加入酱油、2小匙水淀粉拌匀，腌制10分钟；菠萝洗净，切成小片；水发木耳洗净，撕成小朵；葱洗净，切成小段备用。

2．锅内加入植物油烧热，倒入肝片，用小火慢慢炒熟，盛出控油。

3．锅中留少许底油，倒入葱段、木耳、菠萝肉翻炒几下，加入醋、白糖、盐炒匀。

4．倒入猪肝，翻炒均匀，用水淀粉勾芡，淋入麻油即可。

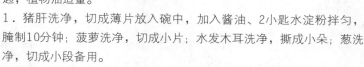
⊙菠萝

⊙木耳

◇ ◆ 猪腰 ◆ ◇

　　猪腰口感脆爽，营养丰富，是很多家庭餐桌上的家常菜。

猪腰的功效

　　1．猪腰含有丰富的蛋白质、脂肪、B族维生素、维生素C、钙、磷、铁等营养物质，有养阴、健腰、补肾、理气的功效，不管是男性还是女性，经常吃猪腰，对身体都很有补益效果。

　　2．猪腰中锌的含量较高，特别适合孕期女性食用，因为缺锌会使子宫肌肉的收缩力减弱，孕期多食一些含锌丰富的猪腰，能够促进子宫和盆腔的收缩，减少分娩时的痛苦。

选购支招

　　在挑选猪腰子的时候首先看表面有无出血点，有的话便不太正常。一般来说，新鲜的猪腰子呈浅红色，表面有一层薄膜，有光泽、柔润，具有弹性。其次看形体是否比一般猪腰大和厚，如果是又大又厚，应仔细检查是否有红肿（用刀切开猪腰，看皮质和髓质是否模糊不清，模糊不清的就不正常）。

烹调窍门

　　1．洗猪腰的窍门：将猪腰剥去薄膜，剖开，剔去筋，切成所需的片或花，用清水漂洗一遍，捞起沥干。

　　2．在清洗猪腰时，可以看到白色的纤维膜内有一个浅褐色的腺体，那就是猪的肾上腺。它富含皮质激素和髓质激素，如果误食会使体内的血钠增高，心跳加快，因此，吃腰花时一定要将肾上腺割干净。

　　3．按1000克猪腰用100克烧酒的比例，将猪腰用少量烧酒拌和、捏挤后，用水漂洗两三遍，再用开水烫一遍，即可去除猪腰的腥味。

　　4．炒腰花时加上些葱、姜和青椒，有助于祛腥增鲜。

山药腰片汤

原材料

冬瓜200克，猪腰子200克，山药、薏米、黄芪、香菇各15克，葱半根，姜1片。

调味料

鸡汤10杯，盐少许。

做法

1. 冬瓜去皮切块洗净备用；香菇去蒂洗净备用，葱洗净切段备用，黄芪、薏米、山药均洗净备用。

2. 将猪腰子剔去筋膜和臊腺，洗净切成薄片，放入沸水中氽烫后捞出备用。

3. 将锅置于火上，加入鸡汤，先放入葱、姜，再放入薏米、黄芪和冬瓜，以中火煮40分钟。

4. 将猪腰、香菇和山药放入锅内，大火煮开后改用小火稍煮片刻，调入盐即可。

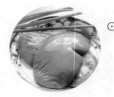
⊙猪腰

⊙干黄花菜

黄花熘猪腰

【原材料】 猪腰300克，干黄花菜100克，葱半根，姜2片，蒜2瓣。

【调味料】 水淀粉1大匙，盐1小匙，白糖、植物油各适量。

【做法】
1. 将猪腰剔去筋膜和臊腺，洗净，切成小块，剞上花刀；黄花菜用水泡发，撕成小条备用；葱洗净切段，姜切丝，蒜切片备用。
2. 锅内加入植物油烧热，放入葱、姜、蒜爆香，再倒入腰花，煸炒至变色。
3. 加入黄花菜、白糖、盐，煸炒片刻，用水淀粉勾芡即可。

青椒炒腰片

⊙青椒

【原材料】 猪腰300克，青椒100克，姜1片，蒜2瓣。

【调味料】 生抽半大匙，米酒2小匙，盐、鸡精、蚝油各1小匙，麻油少许，植物油适量。

【做法】
1. 将猪腰子剔去筋膜和臊腺，洗净切成薄片，放入清水中漂洗干净，用半小匙盐、生抽、米酒腌制15分钟；青椒去蒂洗净斜切片；姜、蒜洗净切末。
2. 锅内加入植物油，烧至五成热时，倒入腰花滑油断生，捞出控油。
3. 锅中留少许底油烧热，放入姜、蒜爆香，加入青椒片、盐炒至八成熟，倒入腰花，加鸡精、蚝油炒匀，淋入麻油即可。

⊙猪腰

西芹炒猪腰

⊙猪腰

【原材料】 猪腰1对，辣椒1个，西芹3根，大葱1根，姜适量。

【调味料】 生粉、生抽、盐、料酒、鸡精、植物油各适量。

【做法】
1. 将猪腰对半切开，去掉白色的筋膜和臊腺。
2. 将处理好的猪腰用生粉、盐抓过洗净，切小片，然后汆水待用，水里放些料酒。
3. 将西芹、大葱、辣椒、姜洗净，切好备用。
4. 起油锅，爆香姜、辣椒。
5. 下猪腰煸炒，下点料酒去腥。
6. 将大葱、西芹下锅一起炒至断青，然后下盐、鸡精、生抽调味即可。

⊙西芹

◇ ◆ 猪血 ◆ ◇

猪血又名液体肉、血豆腐、血花。猪血性平、味咸，是理想的补血佳品之一。

猪血的功效

1. 猪血中所含的优质蛋白质，能够为身体提供丰富的营养。

2. 猪血中丰富的铁质是以容易被人体吸收利用的血红素铁的形式存在的，能帮助快速补铁，预防缺铁性贫血。

3. 猪血所含的锌、铜等微量元素，还有帮助人体提高免疫功能、健身防病的功效。

4. 猪血还是人体有毒物质的"清道夫"。 猪血中的蛋白质经胃酸分解后，可以产生一种特殊的物质，和进入人体的粉尘和有害金属微粒产生生化反应，使它们容易经过排泄作用被带出体外。

选购支招

在购买猪血的时候首先观察颜色，假猪血的颜色鲜艳，真猪血的颜色呈暗红色；其次用手摸，假猪血比较柔韧，真猪血比较硬，用手碰时容易碎；再次看切面，假猪血切面光滑、平整，看不到有气孔，真猪血的切面粗糙，有不规则的小孔；最后闻气味，真的猪血会有股淡淡的血腥味。

烹调窍门

1. 买回猪血后，要除去黏附着的猪毛及杂质，放到开水锅中汆透，再进一步烹调。

2. 猪血不宜单独烹饪，最好加一些辣椒、葱、姜等佐料，以除去猪血本身的异味。

3. 猪血不宜与黄豆、海带同煮，否则会引起消化不良或便秘。

红白豆腐

原材料

豆腐100克，猪血100克，姜2片，葱2段，蒜2瓣。

调味料

酱油1小匙，盐3克，鸡精、白糖、水淀粉各少许，植物油适量。

做法

1. 豆腐和猪血分别洗净，切成1.5厘米见方的块，分别入沸水锅中焯一下，捞出控净水备用。

2. 蒜去衣，切片；葱洗净，切小段；姜切末。

3. 炒锅上火烧热，加植物油烧热，下葱、姜、蒜炝锅，炒香后加猪血翻炒片刻，加酱油、白糖、鸡精、盐、少许清水略煮。

4. 下豆腐翻炒一会儿，以水淀粉勾芡即可起锅。

清炒猪血

⊙猪血

【原材料】猪血500克，姜1片。

【调味料】料酒、盐各1小匙，鸡精、植物油各适量。

【做法】　1．将猪血清洗干净，切成大块备用；姜洗净切成丝备用。

　　　　　2．将锅置于火上，加入适量清水烧沸，放入猪血块汆烫片刻，捞出沥干水分，改切成小块。

　　　　　3．锅内加入植物油烧至七成热，倒入猪血，加入料酒、姜、盐，翻炒均匀，起锅前加鸡精调味即可。

蒜蓉剁椒蒸血粑

⊙蒜

【原材料】猪血400克，蒜10瓣，葱花1小匙。

【调味料】蒸鱼豉油2小匙，干辣椒4个，鸡精、麻油各1小匙，盐半小匙，植物油适量。

【做法】　1．将猪血切成3厘米见方、0.5厘米厚的片，蒜去蒂洗净剁成蓉，干辣椒洗净切段备用。

　　　　　2．锅内加入植物油烧至五成热，加入一半蒜蓉，炸成金黄色，倒入碗内，放入另一半蒜蓉、盐、鸡精拌匀待用。

　　　　　3．将猪血整齐地摆入盘内，盖上制好的蒜蓉酱、剁椒，淋上蒸鱼豉油，上笼蒸5分钟，取出后撒上葱花，淋上麻油即可。

⊙猪血

猪血炒酸菜

【原材料】酸菜120克，猪血约300克，韭菜90克，红葱头3个，姜、香菜少许。

【调味料】高汤150毫升，盐3克，糖5克，麻油、水淀粉各少许，植物油适量。

【做法】　1．将酸菜和猪血切成厚片，再放入清水漂洗两次待用。

⊙韭菜

　　　　　2．起锅热油，再放下切碎的红葱头爆香后，把姜丝、酸菜同加入爆炒。

　　　　　3．将沥干的猪血片和韭菜、高汤、盐、糖轻轻拌匀后淋上麻油，撒上香菜，用水淀粉勾芡即可。

⊙猪血

亚健康是一种介于健康与疾病之间的状态，此时身体各项机能检查都没有问题，但主观上会出现诸如头晕乏力、没有胃口、心烦意乱等因人而异的不适感，饮食失衡、心理压力、环境变化越来越影响到现代人的身心健康，许多天然食物具有强健身心、调畅情致的作用，对症调养，让你每一天都更具活力！

第七章

Good appetite,
good helth

能吃、会吃、
远离亚健康

头晕

　　头晕可分为两类：一为旋转性眩晕，多由前庭神经系统及小脑的功能障碍所致，以倾倒的感觉为主，感到自身晃动或景物旋转；二为一般性晕，多由某些全身性疾病引起，以头昏的感觉为主，感到头重脚轻。

头晕的饮食调理

　　1．荤素兼吃，合理搭配膳食，保证摄入全面充足的营养物质，使体质从纤弱逐渐变得健壮。

　　2．适当多吃富含蛋白质、铁、铜、叶酸、维生素B12、维生素C等有造血功能的食物，诸如猪肝、蛋黄、瘦肉、牛奶、鱼虾、贝类、大豆、豆腐、红糖及新鲜蔬菜、水果，有利于改善贫血，增加心排血量，改善大脑的供血量，减轻头晕的症状。

　　3．莲子、桂圆、大枣、桑葚等果品，具有养心益血、健脾补脑之力，可常食用。

　　4．大部分患头晕的人都会伴有作呕作闷、食欲不振甚至呕吐大作，这时应少食多餐，避免油腻食品，亦可在进食前先服食药丸，都有助减轻症状。

　　5．伴有食欲不振的人，宜适当食用能刺激食欲的食物和调味品，如姜、葱、醋、酱、糖、胡椒、辣椒、葡萄酒等。

⊙桂圆

⊙大枣

⊙桑葚

TIPS:

　　头晕严重应尽量卧床休息，上下床时动作应慢，因平衡系统需要时间适应。相反，如果头晕情况持续(尤其情况持续一个月以上者)就应保持适当运动，如果此时活动少，会令身体机能退化、使平衡系统失调，因此不可只躺着不动。一般普通急性头晕最多持续一至两个星期，否则就应尽快找医生。

功/能/解/析/

洋葱能舒张脑部的小血管，促进血液循环，有助于防治血压升高所致的头晕、头痛等症。另外，它还是唯一含有前列腺素的植物，而前列腺素是较强的血管扩张剂。它能降低心脏冠状动脉的阻力，增加冠状动脉的血流量，有利于冠心病的治疗。

厨房妙招

泡发木耳一般建议用冷水，温热水泡后的木耳口感绵软发黏，没有爽口清脆的感觉，不少营养成分也都被溶解掉了。

木耳拌洋葱

原材料

洋葱1个，黑木耳数朵。

调味料

生抽、糖、醋各1小匙，香油、盐适量。

做法

1. 黑木耳泡发，洗净，撕成小朵；洋葱洗净，切片。
2. 将黑木耳入开水锅中焯一下，捞出过凉水，沥干水分备用。
3. 将洋葱、木耳和调味料一起拌匀即可。

熘苹果

【原材料】苹果1个，鸡蛋2个。

【调味料】白糖1大匙，淀粉1小匙，芝麻少许。

【做法】 1．鸡蛋打开取蛋清。

2．苹果洗净去皮、核，切成8瓣，用蛋清、淀粉调糊，使苹果瓣挂糊。

3．起锅热油，放入挂糊的苹果瓣炸至呈金黄色，捞出沥油。

4．在炒锅中加少量清水烧开，用淀粉勾芡后，放入炸好的苹果翻炒几下，撒上芝麻、白糖即成。

⊙苹果

⊙鸡蛋

功/能/解/析/

苹果含有极为丰富的果胶，能降低血液中的胆固醇的浓度，还具有防止脂肪堆积的作用。多吃苹果可以防止脑血管硬化、血液黏度增高、大脑局部血氧缺少，从而防治头晕、头疼等症状。

厨房妙招

苹果挂糊的时候可以加鸡蛋，也可以依据个人口味喜好加点别的食物，例如加点酸酸甜甜的糖水山楂，便同时具有了提振食欲的效果。

葱香海带丝

【原材料】海带200克，葱白1段。

【调味料】干辣椒50克，辣椒面1小匙，盐、鸡精、白糖、蒜末、香油各适量。

【做法】 1．海带泡软洗净切丝，用开水氽烫过凉，葱白洗净切细丝备用。

2．起锅热油，放入干辣椒、辣椒面，炸出辣椒油备用。

3．海带丝中放入盐、鸡精、蒜末、白糖、香油、辣椒油拌匀，上面撒上葱丝即成。

⊙大葱

功/能/解/析/

常吃海带有降血压的作用，因此对于因高血压引起的头晕很有效。另外，常吃海带还可以预防高血压及突眼性甲状腺肿。

厨房妙招

海带不容易入味，用来煲汤入味就容易多了，炒着吃或者拌着吃时就需要用调味料来辅助入味，辣椒面、辣椒、糖、醋、蒜等都可以变换着试试。

⊙海带

杜仲腰花粥

【原材料】杜仲10克，猪腰1对，葱、姜各
　　　　　适量。

【调味料】盐适量。

【做法】　1．将杜仲煎煮过滤备用。

　　　　　2．猪腰切开去内膜，洗净以后
　　　　　切为腰花，用杜仲药液做调料
　　　　　汁。

　　　　　3．加葱、姜、食盐爆炒后食
　　　　　用。

⊙猪腰　　　　　　　　⊙杜仲

功/能/解/析/

猪腰含有蛋白质、脂肪、碳水化合
物、钙、磷、铁和维生素等，能健肾
补腰、和肾理气，所以此粥具有补肝
肾、强筋骨、降血压的作用，适用于
中老年人肝肾不足所致的肾虚腰痛、
腰膝无力、头晕耳鸣、高血压。

厨房妙招

　　如果不喜腰花腥味，在前
期处理时一定要多一点耐心，把
猪腰上白色的部分去干净，放点
姜片同煮也有助于去腥臊。

凤爪杞子炖猪脑

【原材料】天麻少许，鸡爪150克，猪脑1副，枸杞少许，葱1根，生姜1块。

【调味料】高汤适量，盐适量，料酒、胡椒粉各少许。

【做法】　1．鸡爪砍去尖，猪脑去尽血丝，枸杞洗净，葱切段，生姜去皮切片。

　　　　　2．锅内烧水，待水开时，分别放入鸡爪、猪脑，用中火焯尽血水，倒出。

　　　　　3．瓦煲内加入鸡爪、猪脑、天麻、枸杞、生姜、葱、胡椒粉，注入高汤、料酒。

　　　　　4．用小火煲1小时后，调入盐继续煲30分钟即可。

⊙鸡爪　　　　　　　　　　　⊙枸杞　　　　　　　　⊙猪脑

功/能/解/析/

鸡爪不仅含有丰富的胶原蛋白，而且还富
含谷氨酸，可以补充人体的营养元素。猪
脑味甘性凉，入心、肝经，有补脑填髓之
效果。此汤对身体虚弱、神经衰弱、头晕
目眩、心慌气短、失眠健忘、耳鸣腰酸、
记忆力降低的人有一定的补益作用。

厨房妙招

　　炖猪脑时，盐需要最后再放，拿
不准放多少时可以炖好后一边试味一
边放；改小火煲前，可以闻一闻是否
还有腥味，如有则可加一小瓶盖白酒
再改小火继续煲。

189

失眠

睡眠是人体的生理需要，也是维持身体健康的重要手段，失眠令人难以入睡，或睡而易醒，往往伴有头昏、头晕、健忘、倦怠等症状，严重影响了工作与学习。

失眠的饮食调理

1．牛奶、核桃、莲子、大枣、酸枣、百合、桂圆、葵花子、山药、小米、鹌鹑、牡蛎肉、黄花鱼，以及动物心脏等具有安神助眠的作用，可以改善睡眠。

2．多吃富含色氨酸和B族维生素的食物，可预防因作息大乱而导致可能出现的失眠、情绪不好的情况。富含色氨酸的食物有牛肉、羊肉、猪肉等，富含B族维生素的食物有瘦肉。坚果类食物既富含色氨酸，也含有丰富的B族维生素，可以适当食用。不过坚果类的油脂含量也较高，吃多了可能会造成热量过度摄取，容易使人发胖。若要吃较低脂又含色氨酸、维生素B群丰富的食物，可选择牛奶、黄豆和鲔鱼等等。

3．晚餐不宜过饱，晚饭最好安排在睡前4小时左右。吃饱就睡会让废气滞留，影响睡眠。食物的冷热要均匀。养成良好的饮食习惯，更有助于睡眠。

TIPS:

会导致失眠的食物：

1．含咖啡因的食物会刺激神经系统，是导致失眠的常见原因。

2．晚餐吃辛辣的食物也是影响睡眠的重要原因。辣椒、大蒜、洋葱等会造成胃中有灼烧感和消化不良，进而影响睡眠。

3．油腻的食物吃了后会加重肠、胃、肝、胆和胰的工作负担，刺激神经中枢，让它一直处于工作状态，也会导致失眠。

4．豆类、大白菜、洋葱、玉米、香蕉等在消化过程中会产生较多的气体，从而产生腹胀感，妨碍正常睡眠。

鲜奶蛤蜊

原材料

蛤蜊100克，鲜奶2杯半。

调味料

冰糖或盐适量。

功/能/解/析/

牛奶中含有丰富的色氨酸，为人体8种必需氨基酸之一。它能使人脑分泌催眠血清素，可以松弛神经，起到安神助眠的效果。牛奶中还含有丰富的锌元素及铁、磷、钙、优质蛋白质、糖类等多种营养素。蛤蜊中所含的硒可以调节神经、稳定情绪。

厨房妙招

在浸泡蛤蜊的时候，如果发现有浮在水面上的说明蛤蜊已坏，要及时捞出扔弃。

做法

1．蛤蜊用水浸泡至发涨，挑除污物及沙肠后洗净待用。

2．鲜奶倒入炖盅内，加进发好的蛤蜊，盖上盅盖。

3．隔水炖1小时，依个人喜好酌加盐或糖调味即成。

肉末百合粥

【原材料】大米200克，牛肉末、猪肉末各1大匙，百合50克。

【调味料】盐适量。

【做法】

1．大米、百合分别洗净，各自浸泡30分钟。

2．大米、百合一起放入锅中熬粥。

3．当粥半熟时，加入肉末，以小火炖煮至原材料全部熟透，再加盐调味装碗即可。

⊙牛肉

⊙猪肉

⊙百合

功/能/解/析/

百合性甘微寒，具有润肺止咳、清心安神的功效，主要用于治疗肺热咳嗽、劳嗽咯血、虚烦惊悸、失眠多梦等症。

厨房妙招

早上和晚上喝点熬得绵软的粥，入口即化，肠胃负担不重。多喝粥对于早上消化不好以及晚上睡眠不佳的人很合适。

冰糖百合蛋花汤

【原材料】鸡蛋2个，百合30克。

【调味料】冰糖适量。

【做法】

1．百合用清水冲洗干净，捞出，沥干水分；待用。

2．鸡蛋洗净，打碎外壳，用碗盛放，搅匀待用。

3．百合放入净煲中煮煲至熟烂后放入冰糖，把搅好的鸡蛋液调入煲内，调匀即可。

⊙鸡蛋

功/能/解/析/

百合中含有多种矿物质和维生素，有助于促进机体营养代谢，使机体抗疲劳、耐缺氧能力增强，同时能清除体内的有害物质，延缓衰老。百合中含有的百合苷，有镇静和催眠的作用。

厨房妙招

百合有一种甘苦、清爽的口感，有提神效果，许多人尝试过后便喜欢上了这种口味。百合煲10分钟后，可以揭盖尝尝是否已变软糯，也可以顺便加冰糖调整甜度。

莲子果羹

【原材料】莲子50克，荔枝100克，菠萝3片。

【调味料】冰糖、水淀粉各适量。

【做法】 1．莲子挑去莲芯，加适量水焖酥，用冰糖调味。

2．其他水果切丁入莲子汤中烧滚后加适量水淀粉勾芡成羹即成。

3．将制好的莲子果羹放入冰箱冷藏后食用味道更好。

厨房妙招 这道羹汤适合替换各种当季的水果来做。

⊙莲子

功/能/解/析/

荔枝中含丰富的葡萄糖、蔗糖、维生素C、维生素B、维生素A以及柠檬酸、叶酸、苹果酸和游离氨基酸，是思虑过度、健忘失眠者不可多得的安神益寿果品。

⊙荔枝

⊙菠萝

大枣莲子桂圆汤

【原材料】大枣10个，去芯莲子15粒，桂圆10个。

【调味料】冰糖适量。

【做法】 1．先将莲子用清水浸泡1～2小时；大枣洗净；桂圆去壳备用。

2．把泡好的莲子与洗净的大枣一起放锅内煎煮，最后放入桂圆肉。

3．等到煮至质软汤浓时，加入适量冰糖调匀即成。

功/能/解/析/

在睡前30分钟喝一碗大枣莲子桂圆汤，对睡眠很有帮助。桂圆含有大量的铁、钾等元素，能促进血红蛋白的再生，可治疗因贫血造成的心悸、心慌、失眠、健忘。

⊙桂圆

⊙红枣

厨房妙招 夏天的桂圆是应季的，冬天的桂圆普遍不如夏天清甜，在应季时，可以将桂圆做成桂圆干，这样可以保存起来慢慢吃。方法是：先将桂圆清洗干净，不要弄破皮，然后放入沸水中煮1~2分钟，捞起后在太阳底下晒干，一般晒3~4天就干了，晒干后密封保存即可。

健忘走神

持续的压力和紧张会使脑细胞疲劳，表现出健忘走神的状态，过度饮酒、缺乏维生素等可以引起暂时性记忆力恶化。另外，心理因素也有不容忽视的影响，健忘走神的同时很多人会伴有抑郁情绪，对社会上的人和事情不关心，于是大脑的活动力低下，表现出健忘走神的症状。

保持良好情绪有益于防治健忘症

良好的情绪有利于神经系统与各器官、系统的协调统一，使机体的生理代谢处于最佳状态，从而反馈性地增强大脑细胞的活力，对提高记忆力颇有裨益。要避免因为健忘而造成的忧郁、不安或自信心降低带来更大的危害，正确地面对自己，积极地调整自己。

健忘走神的饮食调理

从饮食方面来讲，多吃维生素、矿物质、纤维质丰富的蔬菜和水果可以提高记忆力。如：牛奶、鸡蛋、花生、小米、玉米、鱼类、黄花菜等，都是提高记忆力的上好食物。银杏叶提取物可以提高大脑活力、注意力，对增强记忆力也有一定帮助。至于咖啡，它可以在短时间内使大脑兴奋，如果需要我们集中注意力、记忆力做事，可以事先喝一杯咖啡。而造成记忆力低下的元凶是甜食和咸食。

TIPS:

勤奋的工作和学习往往可以使人的记忆力保持良好的状态。对新事物要保持浓厚的兴趣，敢于挑战。中老年人经常看新闻、电视、电影，听音乐，特别是下象棋、围棋，可以使大脑精力集中，脑细胞处于活跃状态，从而减缓衰老。此外，适当地有意识记一些东西，如记喜欢的歌词、记日记等对记忆力也很有帮助。

银杏粥

原材料

大米100克，银杏50克。

调味料

冰糖适量。

做法

1．银杏去壳、去芯备用；大米淘洗干净，浸泡30分钟。

2．银杏、大米一同入锅，大火煮沸后转小火熬成稠粥。

3．加冰糖适量调味即可。

功/能/解/析/

此粥有改善动脉、静脉和毛细血管中的血流的作用，还能改善老年人记忆力衰退和信息处理速度的降低问题；延缓早老性痴呆症的发生；减少由于四肢血流不足所引起的脚疼的问题，防止细菌的过分活跃，包括牙龈疾病等。

厨房妙招

给银杏果去壳时，需要借助工具，用刀或锤子之类的工具敲一下，它就会裂开一条缝，此时再剥就容易多了。

蒜辣花生米

⊙青蒜

⊙葱

⊙花生米

【原材料】花生300克，青蒜、葱各1根，红尖椒1个，蒜适量。

【调味料】盐、醋各适量。

【做法】 1．青蒜洗净，切丝；葱洗净，切末；红尖椒洗净，切圈；蒜去皮，切末。

2．锅中倒适量油和花生，中火加热，边加热边搅动锅内的花生米。

3．待油烧开，将花生米捞出沥油，晾凉。

⊙红尖椒

4．将晾凉的花生米放碗中，加青蒜丝、葱末、蒜末和辣椒圈拌匀，最后加适量盐和醋拌匀即可。

功/能/解/析/

花生米能增强记忆力，抗老化，防衰老。花生还有扶正补虚、悦脾和胃、润肺化痰、滋养调气、利水消肿的作用。

厨房妙招

挑选花生米时，尽量选个头差不多的，这样炒的时候受热更均匀，容易掌握火候，避免炒煳。

⊙瘦肉

⊙猪肝

⊙猪腰

瘦肉鱼粥

【原材料】粳米200克，草鱼中段100克，猪肝、猪里脊肉各50克，猪腰1个。

【调味料】高汤5碗，盐适量。

【做法】 1．粳米洗净，浸泡30分钟；草鱼洗净，去除鱼骨后切片。

2．猪肝及里脊肉洗净切片；腰横剖成两半，去筋膜、洗净并切块，放入滚水余烫，捞出。

3．粳米放入锅中，加入高汤，大火煮滚改小火熬成白粥。

4．白粥煮滚，放入猪肝、腰花、里脊肉煮至半熟，加入鱼片及调料煮熟，即可盛出。

⊙草鱼

功/能/解/析/

此粥含有丰富的蛋白质，并且还含有身体所需的钙、铁、维生素等多种营养物质，是大脑完成记忆所必需的，有很好的补脑的功效。

厨房妙招

文火熬粥的阶段需要记得隔几分钟搅拌一次，既是为了避免煳锅底，也是为了增稠，让米粒更饱满。如果不是用高汤煮粥，关火前不妨加一点油，可以提亮粥的色泽。

红豆核桃粥

⊙糙米

【原材料】糙米150克，红豆100克，核桃适量。

【调味料】红糖1大匙。

【做法】 1．糙米、红豆淘净沥干，加水以大火煮开，转小火煮约30分钟。

2．加入核桃以大火煮沸，转小火煮至核桃熟软。

3．加糖续煮5分钟即可。

⊙核桃仁

⊙红豆

功/能/解/析/

核桃含有丰富的维生素B和E，可防止细胞老化，能健脑、增强记忆力及延缓衰老。核桃中还含有特殊的维生素成分，不但不升高胆固醇，还能减少肠道对胆固醇的吸收，适合动脉硬化、高血压和冠心病人食用。

厨房妙招

核桃好吃却难剥，怕剥壳麻烦的话，尽量买纸皮核桃，这种核桃皮薄易剥，轻轻一捏，壳就破了，否则就需要使用核桃钳来破壳。

玉米香菇炒青豆

【原材料】玉米粒、青豆各100克，香菇50克，胡萝卜1根。

【调味料】高汤2大匙，水淀粉1大匙，香油1小匙，盐、白糖各适量。

【做法】 1．将玉米粒、胡萝卜丁、青豆用开水烫一下，香菇洗净，切片。

2．锅热加入2碗油烧到中温，将所有材料下锅拉油捞起。

3．锅内留油1汤匙，倒入材料及调味料翻炒均匀，加入淀粉水勾芡，淋上香油。

功/能/解/析/

多吃玉米能刺激大脑细胞，增强人的脑力和记忆力。此外，玉米中还含有核黄素、维生素等营养物质。这些物质对预防心脏病、癌症等疾病有很大的好处。

⊙胡萝卜

⊙青豆

厨房妙招

炒青菜的时候盐都是遵循尽量晚放的原则，一来可使菜营养流失少，二来可以减少盐的摄入量。

⊙香菇

⊙玉米

眼睛干涩

在人的上下眼睑之间有泪液层，它含有保护眼睛不受感染的物质。人们眨眼时，泪液随之均匀分布在眼球的表面，清洗眼结膜上的灰尘，以保持眼睛明亮。一般人们的泪液分泌随着年龄的增长不断减少，所以老年人眼睛干涩的现象较多。

近年来干眼病的年轻化趋势明显，主要是由于现代生活中，青年人的工作和娱乐与电视、电脑接触得越来越多、长时间面对荧光屏，缺乏适时地眨眼或让眼睛休息，影响了双眼的泪液分泌；或长期使用某种眼药水，如血管收缩性眼药水，也很容易引起眼睛干涩。

眼睛干涩的饮食调理

防止眼睛干涩，给眼睛"补充营养"也是必不可少的。首先，要注意营养平衡，平时多吃些粗粮、杂粮、红绿蔬菜、豆类、水果等含维生素、蛋白质和食物纤维的食物，或者泡些枸杞茶、决明子茶，这些都是对眼睛很有帮助的食物。

其次，应该吃些对眼睛有保健功能的食物。如芝麻，它就能缓解眼睛疲劳，防止眼睛干涩。

电脑操作者应多吃富含维生素A的食物，如豆制品、鱼、牛奶、核桃、青菜、大白菜、空心菜、西红柿及新鲜水果等。维生素A可以预防角膜干燥、眼干涩、视力下降等。

TIPS:

要有效地预防干眼，平时要让眼睛适当休息和养成多眨眼的习惯。通常情况下，一般人每分钟眨眼少于5次，会使眼睛干燥。

另外，养成做眼保健操的习惯也可以起到放松眼睛的作用，缓解视疲劳。眼保健操的本质是自我按摩，就是通过自我按摩眼部周围的穴位和皮肤肌肉，增加眼窝内的血液循环，改善神经营养，消除大脑和眼球过度充血。由于循环畅通，眼内调节肌可以排除积聚的代谢产物，达到消除眼疲劳的目的。

桂圆黑豆粥

原材料

大米、桂圆各100克，鲜姜50克，黑豆、枸杞适量。

调味料

蜂蜜1大匙。

做法

1．大米淘洗干净，浸泡30分钟；桂圆、黑豆、枸杞泡水洗净；鲜姜洗净，磨成姜汁备用。

2．大米放入饭锅中，加清水，上大火烧沸，转小火。

3．加入桂圆、黑豆、枸杞及调味料，搅匀，煮至软烂，出锅装碗即可。

功/能/解/析/

枸杞能清肝明目；黑豆含丰富的维生素，多吃黑豆可以防止眼睛疲劳，缓解眼睛干涩。另外，黑豆还有长肌肤、黑头发等美容养颜的效果。

厨房妙招

正宗的纯黑豆，颗粒大小并不均匀，有大有小，而且颜色并不是纯黑的，有的墨黑，有的黑中泛红。假黑豆基本上都经过染色处理，通身墨黑，大小比较均匀。

拌桔梗

⊙桔梗

⊙白芝麻

【原材料】桔梗200克，去皮芝麻50克。

【调味料】盐、白糖适量，香油2小匙。

【做法】　1．桔梗泡涨，洗净，用手撕成1厘米粗的条，再切成4厘米长的段，用冷水漂尽苦味，沥干水分。

2．锅内放油烧至七成热，将桔梗炸成浅黄色，待皮酥内软后捞出，控油。

3．锅置火上，用小火将锅烧热，放入芝麻炒酥香。

4．锅内放少许油，将白糖用小火炒至呈浅黄色、起泡，立即加入清水、桔梗、盐。

5．用小火慢烧至汁浓、水干时，不断翻炒至棕红色，起锅晾凉，加入香油拌匀，再将桔梗放入芝麻内，滚满芝麻即可。

功/能/解/析/

芝麻性平、味甘，具有滋补肝肾、养血明目、润肠通便、益脑生髓等功效，可用于治疗肝肾亏损、须发早白、视物模糊、眼睛干涩等症；桔梗是治疗咽喉肿痛的主要配药，有祛痰排脓的功效。

厨房妙招

盐量拿不准的时候，需要先少放一些，待腌料拌好后尝尝味道，如果太淡了可再适当加点盐。

芝麻泥鳅

【原材料】泥鳅250克，黑芝麻30克。

【调味料】鸡精、盐各适量。

【做法】　1．黑芝麻洗净备用。

2．泥鳅放冷水锅内，加盖，加热烫死，然后取出，洗净，沥干水分后下油锅稍煎黄，铲起备用。

3．泥鳅和黑芝麻放入锅内，加清水适量。

4．大火煮沸后，再用小火续炖至泥鳅烂熟时，放入盐、鸡精调味即成。

⊙泥鳅

功/能/解/析/

芝麻含有维生素E和芝麻素，能防止细胞老化，还含有非常丰富的钙质，搭配泥鳅煲汤，不但可以有效地预防骨质疏松，还能滋补脾胃、防止眼睛干涩、缓解眼部疲劳，给眼睛"补充营养"。

⊙黑芝麻

厨房妙招

煎泥鳅比较容易煳，所以需要热锅凉油，小火稍煎，表皮煎黄后就可以捞出来备用了。

枸杞红枣炖鸡汤

【原材料】鸡心2个，鸡肝2副，红枣5颗，姜1小块，
　　　　　葱1根，枸杞适量。

【调味料】高汤2碗，料酒少许，盐适量。

【做法】　1．鸡肝、鸡心洗净后，对切成半；姜切
　　　　　　丝，葱切花，备用。
　　　　　2．将预先准备好的鸡高汤倒入汤锅，煮
　　　　　　沸。
　　　　　3．加入鸡心、枸杞、红枣和姜丝，汤头
　　　　　　再次滚沸后，改小火煮30分钟。
　　　　　4．再加鸡肝煮10分钟，加入盐，淋上少
　　　　　　许料酒，撒些葱花提香即可。

⊙红枣　　　　　⊙鸡心　　　　　⊙鸡肝

功/能/解/析/

鸡内脏虽小，功效却很大，它们
含有丰富且优质的动物性蛋白
质、铁质、钙质等营养素，不但
能够补血、防治贫血，还对加强
肝肾气血大有帮助。鸡肝中的维
生素A，具有维持正常生长和生
殖机能的作用；能保护眼睛，维
持正常视力，防止眼睛干涩、疲
劳；保持健康的肤色，对皮肤的
健美具有重要意义。

厨房妙招　鸡心外表附有油脂和
筋络，内含污血，所以需
要比鸡肝更加细致地处理
漂洗后方可入锅煮。

菊花红枣茶

【原材料】干菊花少许，红枣15颗。

【调味料】冰糖少许。

【做法】　1．红枣洗净，加水适量煮沸后以
　　　　　　小火煮约15分钟，倒入茶壶内。
　　　　　2．菊花放在茶壶的滤器内，再将其
　　　　　　放在壶上，使菊花能浸泡到红枣汤
　　　　　　汁。
　　　　　3．约5分钟后加入少许冰糖即可。

功/能/解/析/

菊花含有丰富的维生素A，是保护眼睛
健康的重要物质。凡视力模糊、眼底静
脉淤血、视神经炎、视网膜炎都可用菊
花治疗，非常适用长时间使用电脑或电
器的人。菊花与维生素丰富的桂圆、红
枣熬汤，味道清凉甜美，具有养肝、明
目、健脑、延缓衰老等功效。

厨房妙招　此茶也可用热水冲泡，将菊花与红枣一同放入，盖
严盖子，10分钟后即可饮用，觉得茶汤味淡的话也可以
适量加入一点蜂蜜。

⊙菊花

心慌气短

心慌气短是现代生活中的环境污染、饮食结构不合理、嗜烟酗酒以及来自社会竞争的各方面压力等原因造成的。如许多人不重视早餐，甚至不吃早餐，机体经常处于饥饿状态，致使大脑供氧不足，影响肾上腺素、生长激素、甲状腺素等内分泌激素的正常分泌，严重者会产生情绪抑郁、心悸乏力、视物模糊、低血糖、昏厥等症状。

心慌气短的饮食调理

心慌气短是机体某些功能有所减退，不一定是患病，可以通过进补来调整虚实。进补有补气、补血、补阴、补阳四个方面，并需依照各人的体质和病征进行辨证辨体进补。

	症状	补气虚食品	补气的药物
气虚	少气懒言，全身疲倦乏力，声音低沉，动则气短，易出汗，头晕心悸，面色萎黄，食欲不振，虚热，自汗，脱肛，子宫下垂，舌淡而胖，舌边有齿痕，脉弱等。	牛肉、鸡肉、猪肉、糯米、大豆、白扁豆、大枣、鲫鱼、鲤鱼、鹌鹑、黄鳝、虾、蘑菇等。	人参、黄芪、党参等。
血虚	面色萎黄苍白，唇爪淡白，头晕乏力，眼花心悸，失眠多梦，大便干燥，妇女经水量少色淡，舌质淡，苔滑少津，脉细弱等。	乌骨鸡、黑芝麻、核桃肉、桂圆肉、鸡肉、猪血、猪肝、红糖、红豆等。	当归、阿胶、熟地、桑葚子等。
阴虚	怕热，易怒，面颊升火，口干咽痛，大便干燥，小便短赤或黄，舌少津液，盗汗，腰酸背痛，梦遗滑精，舌质红，苔薄或光剥，脉细数等。	甲鱼、燕窝、百合、鸭肉、黑鱼、海蜇、藕、金针菇、枸杞头、荸荠、生梨等。	生地、麦冬、玉竹、珍珠粉、银耳、冬虫夏草、石斛、龟板等。
阳虚	平时怕冷，四肢不温，喜热饮，体温常偏低，腰酸腿软，阳痿早泄，小腹冷痛，乏力，小便不利，舌质淡薄，苔白，脉沉细等。	黄牛肉、狗肉、羊肉、牛鞭、海参、淡菜、核桃肉、桂圆、鹌鹑、鳝鱼、虾、韭菜、桂皮、八角等。	红参、鹿茸、杜仲、虫草、肉桂、海马等。

TIPS:

通过进补待虚弱的表现消失，恢复健康后应停服进补食品及进补药膳，服食正常的平衡膳食即可。避免补之过度而引起的不良反应，对健康不利。

玉米香菇冰糖粥

原材料

大米200克，嫩玉米粒100克，青豆、香菇、胡萝卜各50克。

调味料

冰糖100克。

做法

1. 大米淘洗干净；香菇、胡萝卜洗净切丁。
2. 玉米粒、青豆、香菇丁、胡萝卜丁分别焯水烫透备用。
3. 大米加10杯水，大火烧开，转小火煮40分钟成稠粥。
4. 加入所有材料及调味料，搅拌均匀，出锅装碗即可。

功/能/解/析/

此粥适用于体质虚弱、久病气虚、气短乏力者食用。玉米中的维生素含量非常高。同时，玉米中含有大量的营养保健物质，除了含有碳水化合物、蛋白质、脂肪、胡萝卜素外，玉米中还含有核黄素、维生素等营养物质。这些物质对预防心脏病、癌症等疾病有很大的好处。

厨房妙招

此粥中的时令蔬菜可以灵活替换，例如青豆可以换成芹菜碎等，既能丰富品类，清甜的蔬菜也可以改换粥的口感。

⊙桂圆

桂圆小米粥

【原材料】小米200克、桂圆肉1小匙、
　　　　　粳米50克。

【调味料】白糖适量。

【做法】　1．将小米去壳，淘洗干净。

　　　　　2．将粳米淘洗干净，放入铝
　　　　　　锅内，加入小米、桂圆肉，
　　　　　　加水适量。

　　　　　3．置大火上烧沸再用小火熬
　　　　　　熟，加入白糖搅匀即成。

⊙小米

功/能/解/析/

小米性甘、咸、凉，入肾、脾、胃、手足
太阴、少阴经。以桂圆小米粥为食，有补
心肾、益腰膝的作用，适用于心肾精血不
足、心悸、失眠、腰膝酸软等症。

厨房妙招

　　煮粥的时候备着一壶开
水，如果熬的时候感觉水少了，
要添加开水而不是生水。

⊙山药

山药拌枸杞

【原材料】山药200克，枸杞1小匙。

【调味料】冰水、椰汁各适量。

【做法】　1．山药削去外皮，切成条状；枸杞用水泡软。

　　　　　2．将山药放入冰水中冰镇一下，增加脆度。

　　　　　3．山药和枸杞均匀搅拌，浇上椰汁。

功/能/解/析/

枸杞富含人体所必需的多种氨基酸、
维生素、铁、磷、钙等营养成分和矿
物质，具有促进内分泌的作用。带有
淡淡甜味的山药枸杞，在寒冷的冬季
里，可以改善鼻塞、气喘、过敏等敏
感症状。

⊙枸杞

厨房妙招

　　山药的黏液会刺激皮肤，导致皮肤发
痒，给山药去皮时，可以戴上手套或者用
保鲜膜衬垫山药的一端削皮。

木耳红枣果味粥

【原材料】粳米100克，黑木耳50克，大枣100克。

【调味料】冰糖、橙汁各适量。

【做法】 1. 粳米淘洗干净，浸泡30分钟；大枣洗净。

2. 黑木耳放入温水中泡发，择去蒂，除去杂质，撕成瓣状。

3. 将所有原材料放入锅内，加水适量用大火烧开。

4. 转小火炖至黑木耳熟烂、粳米成粥后，按个人口味加适量糖即可。

功/能/解/析/

枣中的维生素含量丰富，有"活维生素丸"之称，是传统的滋补食品。红枣中含有多量的、造血不可缺少的营养素——铁和磷，是一种天然的补血剂。对各种贫血、体弱、产后虚弱、手术之后气血不足所致的心悸者，最为适宜。

⊙黑木耳

⊙红枣

厨房妙招

提前浸泡大米后，粥更容易煮开花，也更容易煮黏稠。如果喜欢稀点的粥，前期或者后期多放点开水就可以。

桂圆莲子猪心汤

功/能/解/析/

此汤健脾益胃、补虚益气，最适合于心慌气短、长期失眠者食用。猪心具有补虚、养心、安神的作用；桂圆有益心脾、补气血、安心神的用途，尤其适宜心血不足型心悸之人。

【原材料】猪心1副，莲子20克，党参、桂圆肉各少许。

【调味料】盐适量。

【做法】 1. 将猪心洗净切片；莲子去芯洗净；党参、桂圆肉分别洗净。

2. 把全部用料放入锅内，加清水适量。

3. 大火煮沸后，转小火煲2个小时，调味即可。

⊙猪心

厨房妙招

猪心个头较大，光浸泡不能把血水去除干净，必须要用开水焯才行。猪心不易煮烂，可能需要煲比较久的时间，时间不够的话，可以改用高压锅来炖煮。

⊙莲子

⊙党参

上火

　　人们习惯将由于人体不能保持新陈代谢的平衡和稳定，导致生理机能失调而出现的一系列症状称为"上火"。最常见的表现为脸上冒痘痘、咽喉干燥疼痛、眼睛红赤干涩、鼻腔热烘火辣、嘴唇干裂、大便干燥、小便发黄等，严重的还有口疮、咽喉肿痛等症状，会影响人体的正常饮食，给生活和工作带来不便。

规律生活是"降火"的前提

　　避免"上火"，要保持科学的生活规律，按时作息，定时定量进餐，不为赶时间放弃一顿饭，也不为一席佳肴而暴饮暴食。安排各种活动需适当而有节制，保证充足的睡眠，避免熬夜，以免过度疲劳、抵抗力下降。

　　"上火"期间应注意保持口腔卫生，经常漱口，多喝水，不要自己随意服用一些"清火"的药物，因为有可能服用过度而适得其反。如果"上火"症状比较明显，一周以上还没有好转，需及时到医院就诊。

　　当然，调整自己的情绪也非常重要，焦躁的情绪会"火上浇油"，保持心情舒畅有助于调节体内的"火气"。

"上火"的饮食调理

　　1．多吃"清火"的食物，新鲜绿叶蔬菜、黄瓜、橙子、苦瓜、绿茶都有良好的清火作用，而胡萝卜对补充人体的维生素B、避免口唇干裂也有很好的疗效。菊花、薄荷、柠檬、芥蓝、甘蓝菜等食物富含矿物质，特别是钙、镁的含量高，它们有宁神、清火和降血压的神奇功效。常吃这些芳香的食品，可以宁神清火。此外，可以口服各类清凉冲剂，如夏桑菊冲剂、金菊冲剂等对"清火"也很有效。

　　2．少吃高热量食物，诸如红肉、鸡蛋、乳制品和糖类。这些食品含热量高，易增加胆固醇，在炎炎夏季，不利于心脏呼吸到充足的氧气，所以要减少摄入。

　　3．少吃茄属植物，如辣椒、茄子、土豆，这些食物不利于心脏呼吸到充足的氧气，"上火"期间应尽量少吃。

奶香枣杞糯米饭

原材料

糯米200克，牛奶1杯，大枣6颗。

调味料

白糖、猪油适量。

做法

1．大枣泡软洗净去核。

2．糯米用清水淘洗干净，再用清水浸泡6小时，捞出沥干。

3．不锈钢盆内抹上猪油，放入大枣和泡好的糯米，加入鲜牛奶、白糖、猪油。

4．上屉大火蒸约1小时，取出，翻扣入盘中即成。

功/能/解/析/

牛奶性微寒，可以通过滋阴、解热毒来发挥"去火"的功效，需要注意的是不要把牛奶冻成冰块食用，否则很多营养成分都将被破坏。

厨房妙招

糯米和普通粳米不一样，它极难煮软烂，所以一定要提前泡水，且至少泡6个小时以上。

⊙草鱼

⊙苦瓜

⊙生菜

苦瓜鱼肉沙拉

【原材料】草鱼肉200克，苦瓜2条，
生菜叶4片。

【调味料】盐、胡椒粉各适量，料酒1
小匙。

【做法】 1．鱼肉撒上盐和胡椒粉腌
制，苦瓜切块用盐腌制，
洗净备用。

2．锅中倒入少许油，略
煎至鱼肉变金黄后盛起备
用。

3．将生菜铺在盘底，依序
放上鱼肉、苦瓜块，加调
味料调味即可。

功/能/解/析/

鱼肉中含有极为丰富的蛋白质，而且容易被人体吸
收，利用率高达98%，可供给人体必需的氨基酸。
鱼肉中还含有大量的不饱和脂肪酸，这些脂肪酸是
人体必需的，具有重要的生理作用，加上凉血的苦
瓜，是应该常吃的保健食品。

厨房妙招

若不习惯生吃苦瓜，可以
将苦瓜先煮一下，煮的时候放些
碱面，可以使颜色更鲜绿诱人。

⊙鸡胸肉

⊙茭白

⊙海蜇皮

双丝炒茭白

【原材料】鸡胸肉300克，海蜇皮150克，茭白1根，红椒1个，葱1根，姜3片。

【调味料】A：酱油、醪糟各1小匙。

B：淀粉1小匙，盐适量。

【做法】 1．茭白去皮，洗净切小片；红辣椒、海蜇皮均洗净切丝；葱、姜均洗净切末。

2．鸡胸肉洗净切丝，一起放入碗中加调味料A拌匀备用。

3．热油3大匙，放入鸡丝炒至8分熟。

4．加入海蜇丝、茭白及红辣椒炒匀，最后加入调味料B调匀即可。

功/能/解/析/

茭白性味甘冷，有解热毒、防烦渴、利
二便和催乳的功效。它味道鲜美，营养
价值较高，容易为人体所吸收。茭白有
祛热、止渴、利尿的功效，能防止上
火，夏季食用尤为适宜。

厨房妙招

调味料B的作用是放盐同时勾薄
芡，如果懒得勾芡，放盐即可出锅。
一般勾点薄芡后口感会更加滑嫩鲜
爽，色泽也更加好看。

⊙蘑菇

荸荠炒蘑菇

【原材料】蘑菇200克，荸荠200克，姜末1小
匙。

【调味料】素汤1碗，盐、鸡精各适量，米酒1
大匙，酱油1大匙，白糖适量，水
淀粉适量。

【做法】 1．将水发蘑菇去蒂，洗净后挤去
水分；荸荠去皮洗净后切成片。

2．锅架大火上，放入油烧至六七成
熟，用姜末炝锅，放入蘑菇和荸荠
煸炒几下。

3．加入素汤、米酒、酱油、白糖和
鸡精，转用小火焖烧至汁浓稠。

4．用水淀粉勾芡，淋明油，翻炒几
下即成。

功/能/解/析/

荸荠性味甘、微寒、无毒，有降火、温
中益气、清热开胃、补肺凉肝、消食化
痰之功效。荸荠含有粗蛋白、淀粉，能
促进大肠蠕动，常用于治疗热邪引起的
食积痞满和大便燥结等，还可用于热病
烦渴、痰热咳嗽、咽喉疼痛、小便不
利、便血、疣等症。

厨房妙招　　荸荠削好皮后要
浸入水中，否则颜色很
快会发黄。

⊙荸荠

海带炖排骨

【原材料】海带结200克，排骨100克。

【调味料】姜片、葱丝、盐、鸡精各适量。

【做法】 1．海带结洗净备用，排骨剁块。

2．加油适量，至五成热时，放入姜
片、葱丝爆香；加入排骨，放盐。

3．煎约1分钟至微黄，翻炒；放入
海带，翻炒大约1分钟。

4．加水，漫过主料1厘米，加入鸡
精。

5．继续用大火烧，大约8分钟，剩
少许汤，即可出锅。

功/能/解/析/

海带性凉，能消炎退热、补血润脾和降
低血压。海带的营养丰富，含有碘、
铁、钙、蛋白质、脂肪以及淀粉、甘露
醇、胡萝卜素、维生素和其他矿物质等
人体所需要的营养成分。对淋巴结核、
脚气浮肿、消化不良、皮肤溃疡等疾
病，也有较好的治疗效果。

厨房妙招　　一般海带结含盐量大，买回来后要
浸泡3~4小时，中间换一次水。但也不
能一直浸泡，因为长时间浸泡会导致其
营养物质流失，比如水溶性维生素、无
机盐等营养物质就会大大减少。

⊙排骨

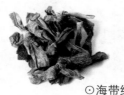

⊙海带结

胃口不好

在当今快节奏和竞争性的社会中，人们容易产生失眠、焦虑等紧张情绪，导致胃液分泌紊乱，引起食欲下降。过度的体力劳动或脑力劳动，也会引起胃壁供血不足，使胃消化功能减弱。人们习惯性地将这些食欲不好的状态描述为"胃口不好"。

胃口不好的饮食调理

1．食用易于消化的食品，应避免粗纤维食物的摄入，以免影响胃排空。尽量减少对胃黏膜的刺激，细嚼慢咽，让牙齿把食物完全磨碎以便食物能与胃液充分混合。不要食用生冷、酸辣和硬质食品。

2．饮食上强调种类多样化，避免单调重复，注意掌控食物的色、香、味、形，做到干稀搭配、粗细搭配。

3．多食用开胃食物。可用山楂、话梅、陈皮等刺激食欲；在水果中，草莓、甜橙有一定开胃效果，而葡萄、香蕉、荔枝等因含糖较高，可能降低食欲。在刺激食欲方面，各类调味品如番茄酱、咖喱汁、豆瓣酱、辣椒酱等，味道独特，不妨根据自己的口味选择。

4．三餐前禁用各类甜食或甜饮料，否则将更加降低进食的欲望。

TIPS:

如果发现自己或身边的家人有胃口不好的感觉时，就需要检查生活饮食习惯是否不良，或者利用具有香味、辣味、苦味的食物来刺激并且提高胃液的分泌及增进食欲，若无法提高食欲，则要怀疑是不是疾病因素的影响，最好到医院做一些检查。

肉末四季豆

原材料

四季豆300克，猪里脊肉200克，姜1片。

调味料

豆瓣酱1大匙，白糖2小匙，酱油3大匙。

做法

1. 四季豆洗净，摘除头尾，对半折成两段。

2. 猪里脊肉洗净，切丝；姜去皮，切末备用。

3. 锅中倒入1大匙油烧热，爆香姜末。

4. 加入豆瓣酱及肉丝炒熟，再加入四季豆及白糖、酱油、少许水，炒至汤汁收干，即可盛出。

功/能/解/析/

四季豆富含蛋白质和多种氨基酸，经常食用能健脾胃，增进食欲。夏天多吃一些四季豆有消暑、清热的作用。另外，四季豆对妇女白带异常，皮肤瘙痒以及急性肠炎等肠胃不适者有很好的食疗作用。

厨房妙招

不喜欢吃油炸调味料的，可以在油炸后将其捞出扔弃，例如姜末、花椒等，这样既能保留生姜、花椒去腥留香的功能，又可以提升口感。

211

⊙辣椒

豆豉泡椒炒大肠

【原材料】猪大肠300克，辣椒1个，泡椒50克，姜6片，豆豉2大匙，蒜3瓣，面粉适量。

【调味料】醋2大匙，料酒1大匙，白糖、香油适量。

【做法】1．猪大肠两面都用面粉抓洗，冲净切小段，氽烫冲凉备用。

2．姜洗净切丝；蒜洗净拍碎；辣椒洗净切斜片。

3．起锅热油，用大火将大肠、蒜、姜炒匀，再加入豆豉、醋、料酒、白糖与辣椒片、泡椒。

4．再用大火翻炒至汁开，醋香飘出再淋入香油即成。

功/能/解/析/

豆豉是一种特制的豆制品，不仅营养十分丰富，含有大量蛋白质、维生素和矿物质，而且味道鲜美，佐餐食用，可以开胃消食、祛风散寒、治疗水土不服。

⊙猪大肠

厨房妙招

注意豆豉一定要临起锅前放，否则容易煳锅。

⊙泡椒

茼蒿腰花汤

【原材料】茼蒿300克，猪腰1副，姜1块。

【调味料】高汤3碗，香油1大匙，盐适量。

【做法】1．茼蒿洗净；猪腰对半剖开，切去里面的白色筋条，交叉切花，切成块状（或不切花纹，直接切片），老姜切丝。

2．高汤倒入煲锅内煮滚，加入香油、盐调味，待汤滚放入茼蒿，最后再加入腰花。

3．至汤再滚时熄火，盖上锅盖焖3~5分钟，待腰花熟透，撒上姜丝即可。

⊙茼蒿

⊙猪腰

功/能/解/析/

此汤有助于宽中解气，消食开胃，增加食欲。茼蒿含一种挥发性的精油以及胆碱等物质，因此具有开胃健脾、降压补脑等效能。常食茼蒿，对咳嗽痰多、脾胃不和、记忆力减退、习惯性便秘等均有裨益。

厨房妙招

一斤猪腰用一两克白酒拌和、捏挤，然后用水漂洗两三遍，再用开水烫一遍，可基本去除膻臭味。

八角牛肉汤

【原材料】牛肉500克，带叶大蒜1根，八角2颗。

【调味料】酱油1大匙，盐、鸡精各适量，胡椒1小匙。

【做法】 1．大蒜洗净切段；牛肉挑去筋膜，洗净，切成大块。

2．把全部材料放入锅内，加清水适量。

3．大火煮沸后，小火煲2小时，调入酱油、盐、鸡精即可。

⊙青蒜

⊙八角

功/能/解/析/

这道菜温中散寒、理气暖胃，可用于脘腹冷痛、食少呕吐、形寒肢冷者。八角营养丰富，维生素含量高。它的特殊香味，可增进食欲，保进消化，有健胃行气的作用。

⊙牛肉

厨房妙招

牛肉最好选用牛肋部分，这部分筋膜、污血较少，煮汤质量很高。

芹菜笋子粥

⊙竹笋

【原材料】大米100克，芹菜末少许。

【调味料】A：猪肉末100克，胡萝卜丝、竹笋丝、干香菇各50克，海米20克。

B：高汤2碗，盐适量。

C：料酒大半匙，胡椒粉1小匙。

【做法】 1．大米洗净泡水1小时；干香菇泡软后切丝；海米泡软后沥干水分。

2．炒锅中倒入1大匙油烧热，放入材料A炒至熟后，加入调料C，添水煮开。

3．大米加大骨高汤和做法2中材料，用中小火熬煮成粥，加入适量的盐，盛碗并撒上芹菜末即可。

⊙胡萝卜

⊙猪肉

⊙芹菜

功/能/解/析/

芹菜含有挥发性的芹菜油，具香味，能促进食欲。芹菜含有蛋白质、碳水化合物、脂肪、维生素及矿物质，其中磷和钙的含量较高。常吃对高血压、血管硬化、神经衰弱、小儿软骨病等有辅助治疗作用。

厨房妙招

肉末可以最后放，放早了容易煮得太硬，影响口感。一般来说先放蔬菜，喜欢吃软的，就把蔬菜先煮软一些后再放肉末，肉末煮熟即可。

疲乏无力

导致身体疲乏无力的原因可大致分为内因和外因两种。内因包括心理因素和身体内部健康因素，比如抑郁症、肥胖、内分泌失调等等；外因包括药物影响、缺乏运动、睡眠不足等因素，这些同样会导致人的身体疲倦。

疲乏无力的饮食调理

增加碱性食物的摄取量：剧烈运动后有全身酸胀的感觉，那是肌肉中产生了乳酸才会有这样酸胀疲劳的感觉。新鲜的水果、蔬菜、菌藻类、奶类等，可以中和体内的"疲劳素"——乳酸，以缓解疲劳。

食用高蛋白食品：人体热量消耗太多的时候也会感到疲劳，高蛋白食品能补充人体消耗的热量，如豆腐、牛奶、鱼、蛋、全麦面包、谷类等。

多摄取富含维生素及微量元素钙、锌等的食物：维生素是缓解压力、营养神经的天然解毒剂；缺钙的人，总是感觉精疲力竭、神经高度紧张，无法松弛下来，工作产生的疲劳无法获得缓解。而人体内锌含量过低容易疲倦，同时还容易出现伤风感冒、食欲不振、伤口愈合慢等症状。

注意补铁：膳食中补充铁之后，人的体能、情绪和注意力集中程度都有所改善。每天适当吃些牛肉、羊肉、瘦猪肉。

TIPS:

通常人会有一种错觉，认为多休息、不运动可以避免疲劳，但事实正好相反，缺少运动，人的中枢神经系统就缺少兴奋感，肌肉也会变得虚弱，新陈代谢过程减慢，容易觉得累。

桂圆糯米羹

原材料

圆糯米50克，桂圆干2大匙，鸡蛋1个。

调味料

冰糖适量。

做法

1．将圆糯米、莲子洗净加入4杯水一起煮烂；鸡蛋打散。

2．桂圆干去壳，与糖、鸡蛋一起放入煮开的糯米粥中搅拌均匀。

3．再煮5分钟即可。

功/能/解/析/

糯米富含碳水化合物，能供给能量、消除疲劳，具有温暖身体的功效。而且它还含有大量的锌，有助于体内蛋白质的合成。与桂圆一同熬粥，可弥补糯米所缺的蛋白质和维生素。

厨房妙招

此羹还可以变着花样加些营养食材，例如鸡蛋、枸杞、红枣等。

215

⊙黄豆

⊙猪蹄

黄豆猪蹄粥

【原材料】大米与黄豆各100克，猪蹄300克，葱段、姜片、香菜各适量。

【调味料】八角、桂皮、料酒、盐、冰糖各适量。

【做法】 1．大米与黄豆分别洗净后用清水浸泡30分钟。

2．猪蹄洗净，用开水汆烫后打去浮沫；香菜洗净切段。

3．把猪蹄放入锅中，加葱段、姜片及所有调料。

4．大火烧开后转小火炖到猪蹄烂熟，捞出晾凉去骨，切成小块。

5．锅置火上，放入清水、黄豆、大米，大火煮开后转小火煮30分钟。

6．加入猪蹄、盐再煮10分钟，撒上香菜即可。

功/能/解/析/

猪蹄对于经常性的四肢疲乏、腿部抽筋、麻木、消化道出血、失血性休克和缺血性脑病患者有一定辅助疗效，也适用于大手术后及重病恢复期间的老人食用。猪蹄中含有丰富的胶原蛋白，脂肪含量也比肥肉低，具有和气血、润肌肤、可美容的功效。

厨房妙招

黄豆需要提前泡好，最好是前一天晚上泡，第二天煮的时候就完全泡软了。黄豆和猪蹄都是比较不容易熟的，所以炖的时候不可心急，不妨小火慢慢焖。

西蓝花浓汤

⊙面包片

【原材料】西蓝花半个，面包2片。

【调味料】A：盐1小匙，糖半小匙。

B：香菜末半小匙，奶酪粉半小匙。

C：白酱1杯。

【做法】 1．西蓝花洗净，切小朵，放入滚水中汆烫约1分钟即捞出，放果汁机打成西蓝花汁备用。

2．将面包切小丁，放入烤盘中，再置入已预热至160度的烤箱中烧5分钟，至略微焦黄时取出备用。

3．取一锅加入4杯水煮至滚沸，加入西蓝花汁及调味料A搅拌均匀后再加入调味料C。

4．以中火续煮至浓稠时即熄火，食用前撒上调味料B与面包丁即可。

功/能/解/析/

这道菜含丰富的碳水化合物和大量的蛋白质及叶酸。这些成分能供给体内能量，可以消除疲劳。

⊙西蓝花

厨房妙招

焯西蓝花的时候，往锅中倒入1勺植物油，会使焯好的西蓝花颜色非常鲜亮。

熘青椒

原材料

青椒100克。

调味料

盐、醋、香油各适量。

功/能/解/析/

青椒含有抗氧化的维生素和微量元素，能增强人的体力，缓解因工作、生活压力造成的疲劳，其特有的味道和所含的辣椒素有刺激唾液分泌的作用，能增进食欲，帮助消化，促进肠道蠕动，防止便秘。

做法

1. 青椒洗净，去蒂去籽。
2. 炒锅烧热，倒入青椒，干煸至皱皮，出现焦斑。
3. 倒入植物油，炒至干香，加入盐炒匀。
4. 起锅，淋入香油、醋，拌匀，装盘。

厨房妙招

烹调时盐、醋等调料用量可以随自己口味任意增减，熘炒时用旺火可以减少食物的营养流失。

贫血

贫血通常是指体内铁元素的储存不能满足正常红细胞生成的需要而产生的症状，是由于铁元素摄入量不足、吸收量减少、需要量增加、铁元素利用障碍或丢失过多所致。

贫血的饮食调理

1. 多吃含铁量高的食物。如：肝、腰、肾、红色瘦肉、鱼禽动物血、蛋奶、硬果、干果（葡萄干、杏干、干枣）、香菇、木耳、蘑菇、海带及豆制品绿叶蔬菜等。铁的吸收利用率较高的食物有瘦肉、鱼禽、血、内脏等，这些食物中含血红素铁，吸收率为10％～20％。其他含非血红素铁的食物有乳蛋、谷类、硬果、干果和蔬菜等（其中蛋黄为3%、小麦为5%）吸收利用率较低，在10％以下。

2. 常吃富含维生素C的新鲜水果和绿色蔬菜。贫血患者在服用铁剂时，或在平时的饮食之中，应当经常吃一些富含维生素C的绿色蔬菜和各种瓜果，可有利于对缺铁性贫血的纠正。水果中有很多含铁和维生素C丰富的水果，如柠檬、橘子、樱桃、荔枝、红枣、草莓等，多吃这些水果能使机体对食物中铁的吸收率增加。

3. 足量的高蛋白食物。高蛋白饮食可促进铁的吸收，也是合成血红蛋白的必需物质，如肉类、鱼类、禽蛋等。

4. 多吃补血的食物。平时的饮食中可以多吃一些黑豆、胡萝卜、面筋、桂圆肉、萝卜干等，这些都是补血的。

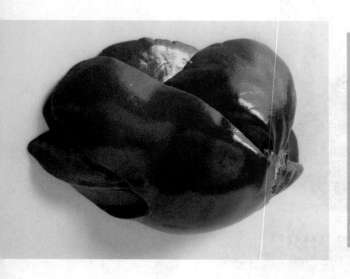

TIPS:

贫血时要减少食用菠菜、苋菜、空心菜等含草酸、植酸、鞣酸高的食物，可以提高身体对铁质的吸收率，同时如果正在服用补铁的药物，则不宜喝牛奶，因为铁会与牛奶中的钙盐、磷盐相结合而变成不易溶化的含铁化合物，不能被人体所利用。

猪骨红枣莲藕汤

原材料

猪骨300克，莲藕100克，花生50克，红枣10粒，生姜1块。

调味料

盐适量，鸡精、料酒各少许。

做法

1．将花生洗净，猪骨砍成块，莲藕去皮切成片，红枣洗净，生姜切丝。

2．锅内烧水，待水开后，放入猪骨，用中火煮尽血水，捞起用凉水冲洗干净。

3．取炖盅一个，加入猪骨、莲藕、花生、红枣、姜丝，注入适量清水加盖，炖约2小时。

4．调入盐、鸡精、料酒，即可食用。

功/能/解/析/

莲藕含铁量高，对缺铁性贫血有食疗作用。另外，月经过多、经期延长、颜色淡红或行经时牙龈出血、皮下出血时，喝猪骨莲藕汤有很好的调节作用。

厨房妙招

排骨入炖锅前，如果先入油锅加入八角翻炒一下，炖起来滋味会更悠长，且能激发八角的香味，同时可加入点料酒翻炒去腥。

胡萝卜鸡肝汤

【原材料】鸡肝1副，胡萝卜1根。

【调味料】盐少许。

【做法】　1．将胡萝卜洗净切片，放入清水锅内煮沸。

　　　　　2．放入洗净的鸡肝煮熟，以盐调味即成。

⊙鸡肝

⊙胡萝卜

功/能/解/析/

这道菜含有丰富的蛋白质、钙、磷、铁、锌及维生素A、维生素B1和尼克酸等多种营养素。尤以含铁和维生素A较高，可防治贫血和维生素缺乏症。

厨房妙招

鸡肝浸泡在清水中3~4小时可基本去掉血水。

咸蛋猪肝汤

【原材料】小芥菜300克，猪肝200克，咸蛋2个，姜1小块。

【调味料】盐适量。

【做法】　1．小芥菜洗净，切段；姜去皮洗净，切片。

　　　　　2．猪肝洗净，切成薄片；咸蛋切瓣。

　　　　　3．锅中倒半锅水煮滚，放入所有材料滚沸，熄火，加盐调味即可。

功/能/解/析/

猪肝含铁质十分丰富，该汤以咸蛋提鲜，加上芥菜的清甜，能获得较全面的营养，能有效地预防缺铁性贫血。

厨房妙招

猪肝切片后用水稍冲洗一下沥干水分，大火煮开后马上改小火，撇去浮沫，这样汤既没有异味，还色泽清亮。

⊙小芥菜

⊙咸蛋

⊙猪肝

洋葱胡萝卜炖牛腩

【原材料】牛腩400克，洋葱1个，胡萝卜1根，蒜末1小匙。

【调味料】盐、鸡精、酱油各1小匙，白糖2小匙，香油1大匙。

【做法】 1. 牛腩切块洗净，余烫，过冷水后沥干；洋葱切块。

2. 胡萝卜去皮切块；烧热油1大匙，将洋葱炒香后盛起备用。

3. 烧热油3大匙，爆香蒜蓉，下白糖1小匙炒香，倒入牛腩，爆透后加水盖过牛腩。

4. 煮开后加入胡萝卜，转慢火炖40分钟，放余下的调料，最后加入洋葱即成。

⊙洋葱

⊙牛腩

功/能/解/析/

这道菜含丰富的蛋白质、维生素及铁、钙、锌等微量元素，容易被人体所吸收，具有败火益气、生血补钙、增强免疫力、强身健体之功效。

⊙胡萝卜

厨房妙招

胡萝卜炖的时间不需要太长，所以牛肉要先炖得差不多后再放入胡萝卜块。

酱豆腐汁肉

⊙猪肉

【原材料】猪瘦肉250克，葱、姜各适量。

【调味料】白糖、淀粉、鸡精、肉汤、猪油、料酒各适量，酱豆腐乳汁少许。

【做法】 1. 把猪肉洗净，切成小块；葱打成结；姜切成薄片。

2. 起锅热油，下肉块煎一煎，肉色变白后，加入料酒、葱结、姜片和肉汤。

3. 煮开后，盖上锅盖，移在小火上焖约1小时。

4. 取出葱、姜，加入腐乳汁、白糖、鸡精等。

5. 再在小火上煨10分钟，煨到变成浓汁时，勾芡并淋上少许熟猪油即成。

功/能/解/析/

猪肉为人类提供优质的蛋白质和必需的脂肪酸，还可提供血红素（有机铁）和促进铁吸收的半胱氨酸，能改善缺铁性贫血。吃瘦猪肉可获取一定量的优质动物蛋白，也可摄取到适量脂肪，并摄入相当数量的胆固醇，而热量供应并非占主导地位。中、老年人可以摄食瘦猪肉为主，有高脂血症者，尤其是高胆固醇血症者，应多食瘦肉。

厨房妙招

油煎猪肉的时候，要注意不要煎得过焦，微煎即可，因为后续还要炖煮，太焦会影响汤的口感。

消化不良

消化不良可以是偶然的，也可以是慢性持续的。

偶然的消化不良可能由进食过饱、饮酒过量、经常服用止痛药（如阿司匹林）等引起。在精神紧张时进食，或进食不习惯的饮食也会引起。

慢性持续性的消化不良可以是神经性的，即精神因素引起的，也可以是某些器质性疾病如慢性胃炎、胃及十二指肠溃疡、慢性肝炎等消耗性疾病引起的，胆囊摘除后的患者也会经常消化不良。不管哪种原因，都因为胃缺乏动力，不能正常进行工作，食物在胃内停留时间过长而引起的。

消化不良的饮食调理

1．保持饮食均衡：保持饮食均衡并多食用富含纤维素的食物，例如新鲜水果、蔬菜及全麦等谷类。

2．注意食物的搭配：蛋白质与淀粉、蔬菜与水果不是有益的搭配，牛奶最好不要与三餐同食，糖与蛋白质或淀粉合用也不利于消化。

3．喝米汤：米汤及大麦清粥对胀气、排气及胃灼热等毛病有效。使用5份的水加1份的谷物（米或大麦），煮沸10分钟，盖上锅盖再慢炖50分钟。过滤，冷却后，一天喝数次。

4．少吃不利于消化的食物：如糖类、面包、蛋糕、通心粉、乳制品、咖啡因、柳橙类水果、番茄、青椒、碳酸饮料、洋芋片、垃圾食物、油炸食物、辛辣食物、豆类、可乐等。这些食物会刺激胃黏膜分泌过量，导致蛋白质消化不良。

TIPS:

缺乏胃酸是造成消化不良的直接原因。可以做一个胃酸自我测试：服用一汤匙的苹果醋或柠檬汁。如果这样做使胃灼热消失，那么你需要更多的盐酸（可于正餐时，饮纯的苹果汁加水）。

功/能/解/析/

滋味酸甜的菠萝有生津止渴、助消化、止泻、利尿等功效，可帮助减轻烦渴、头晕、倦怠、闷饱难耐、食欲不振等症状，与开胃消食的山楂搭配功效更显著。适时吃一些菠萝对于消化不良、小便不利、热咳、酒醉都有相当好的改善效果。

厨房妙招

与熬粥不同，此菜炖汤的水应尽量一次性加足，避免中途添加，因为汤的口感受食材炖煮的影响，中途加水会极大稀释黏稠浓糯的口感。

凤梨山楂汤

原材料

菠萝1个，山楂20克。

调味料

白糖适量。

做法

1. 菠萝处理干净，用盐水浸泡后捞出洗净切成片。

2. 锅内放入清水，放入白糖、山楂、菠萝片烧沸。

3. 转用小火煮半小时即成。

⊙红枣

⊙鸡蛋

红枣西米蛋花粥

【原材料】西米100克，红枣50克，鸡蛋1个。

【调味料】桂花糖1大匙，红糖3大匙。

【做法】 1．西米用清水浸泡，淘洗干净；红枣去核，洗净切丝；鸡蛋打散，待用。

2．清水上锅烧开，加入红枣、红糖、西米，大火烧煮成粥。

3．淋上打散的鸡蛋，撒上桂花糖即成。

⊙西米

功/能/解/析/

西米又叫西谷米，是一种加工米，主要成分是淀粉，有温中健脾，治脾胃虚弱和消化不良的功效。此外，西米还有使皮肤恢复天然润泽的功能，与补气养血的红枣熬成的粥是很好的美容养颜粥。

厨房妙招

煮西米的时候要不断搅拌，否则西米很容易粘锅。在煮的过程中要耐心，勤观察，当西米仅剩一点点白色的时候再关火，否则西米可能夹生。

鱼片瘦肉粥

【原材料】大米100克，草鱼中段150克，猪肉100克，葱2根，鸡蛋1个，高汤8碗。

【调味料】A：盐适量，淀粉1小匙。

B：米酒、湿淀粉各大半匙，盐适量。

C：盐适量，胡椒粉少许。

【做法】 1．大米洗净，浸泡30分钟；草鱼洗净，去除鱼皮及鱼骨，切片。

2．猪肉剁成末；葱洗净，切末备用，鸡蛋打开取蛋清。

3．鱼片放入碗中加入调味料A，加蛋清腌5分钟备用。

4．肉末放入碗中加调味料B拌匀，用手捏成肉丸，放入滚水中煮熟，捞出。

5．大米放入锅中，加入高汤以大火煮滚，改小火熬成白粥。

6．放入鱼片煮熟，加入肉丸及调味料C，再次煮滚，撒上葱末即可。

⊙草鱼

功/能/解/析/

这道粥适用于中老年人脾胃虚弱，气血不足，体倦少食，食欲不振，消化不良等。鱼肉营养丰富且易被人体消化吸收，中老年人多吃鱼有益健康。

⊙猪肉

厨房妙招

瘦肉较鱼片难熟，所以要较鱼片先下锅，鱼片煮粥需要选用肉质结实、少刺的鱼或者部位。

冬瓜猪蹄煲

原材料

冬瓜200克，猪蹄200克，猪脊骨100克，猪瘦肉50克，果脯适量，老姜少许。

调味料

盐适量，鸡精少许。

做法

1．先将猪脊骨、猪蹄斩块，猪瘦肉切片，果脯洗净，冬瓜连皮切块。

2．煲内烧水至滚后，放入猪瘦肉、猪脊骨、猪蹄煮去表面血渍，倒出用清水洗净。

3．用砂锅重新装清水，用大火煲开后，放入猪脊骨、猪瘦肉、猪蹄、冬瓜、果脯、老姜。

4．转小火煲2小时后调入盐、鸡精，即可食用。

功/能/解/析/

冬瓜煲猪蹄能有效地起到清热利尿、健脾涩肠的作用，对于因饮酒导致的喉咙干涩、肠胃不适、消化不良等现象有很好的功效。

厨房妙招

孩子和老人食用，则可用高压锅将猪蹄炖烂些，喜欢有嚼劲的，将猪蹄轻煮即可。

便秘

便秘是排便次数明显减少，每2~3天或更长时间一次，无规律，粪质干硬，常伴有排便困难的现象。有些正常人数天才排便一次，但无不适感，这种情况不属便秘。

培养不便秘的生活习惯

便秘很多时候是由不良生活习惯引起的，要通过改善饮食与生活习惯来调理：

1．起床时，在空腹状态下，喝一杯冷水或牛奶，产生的刺激会促进大肠运动。早餐一定要吃。

2．养成排便习惯，不论有无便意，每天要在一定的时间入厕。再有，一有便意马上到厕所，也很重要。还可以在工作的闲暇时间做做简单的体操，每周做1~2次的全身运动，促进血液循环，使大肠蠕动，可消除便秘。

3．经常泡澡，血液循环会变好。在浴缸中按摩下腹部，产生的刺激有助于引起便意。

便秘的饮食调理

多吃富含食物纤维的食品：食物纤维能够加速肠道蠕动，在日常生活中作为食物纤维供给来源比较常见的，主要是各种谷类、薯类、豆类、蔬菜、果实、蘑菇和海藻类等。

大麦与小麦的全麦粉、糙米或玉米片、燕麦片等含有许多谷类胚芽或麦糠的食品，都可以提供较多的食物纤维。薯类、豆类和蔬菜水果类食物也是食物纤维的宝库，其中又以芹菜、牛蒡等根菜类蔬菜中的食物纤维尤为丰富。此外，裙带菜或羊栖菜等海藻类，含有大量叫藻朊酸的食物纤维，作用与谷类、蔬菜类的食物纤维不同，有条件可以每天坚持吃。

TIPS:

运动产生的刺激，可促进肠的活动。运动无须过于激烈，散步就足够了。可以用比平常稍快的速度，步行20~60分钟。也可以用前屈腿、后屈腿的运动刺激腹部，或是仰卧，将脚高举过头，像踩脚踏车一样进行运动。

素笋汤

原材料

　　冬笋200克，水发黑木耳100克，香葱1根、姜汁适量。

调味料

　　高汤1碗，盐、鸡精、香油各适量。

做法

　　1. 先将冬笋去皮洗净，切成薄片，放沸水中略烫捞出，放凉水中过凉后捞出控水。

　　2. 黑木耳择成小朵，香葱洗净后切成小段。

　　3. 炒锅上大火，放入鲜汤，加入姜汁，再放入竹笋片、黑木耳。

　　4. 待汤煮沸时，用勺撇去浮沫，放入香葱，加盐和鸡精调味，淋上香油搅匀后盛入碗中即可。

功/能/解/析/

这道菜素雅清淡，消痰利肠，通脉化食。黑木耳中含有丰富的纤维素和一种特殊的植物胶质，能促进胃肠蠕动，促使肠道脂肪食物的排泄，减少食物脂肪的吸收，从而起到减肥作用。

厨房妙招

　　冬笋分甜笋和苦笋，均以肥大厚实为佳，若是苦笋，则要焯水，去苦，去麻。

⊙枸杞

菠萝银耳汤

【原材料】银耳10克，枸杞10克，菠萝半个。

【调味料】冰糖适量。

【做法】1．银耳洗净，用水泡发后去蒂，切成小朵；菠萝洗净切块。

2．银耳放进锅内加4碗水，用大火煮开后转小火熬煮约20分钟。

⊙银耳

3．接着放入枸杞，煮至熟软时加入菠萝片，并加冰糖调味即可起锅。

4．待甜汤凉后，移入冰箱冷藏，更能生津止渴。

功/能/解/析/

银耳的粗纤维能助胃肠蠕动，减少脂肪吸收，有减肥通便的作用，并有去除脸部黄褐斑、雀斑的功效。菠萝中含有丰富的糖类、脂肪、蛋白质、维生素，以及钙、磷、铁、胡萝卜素、尼克酸、抗坏血酸等。吃菠萝还有助于消化，主要是其中含有的菠萝蛋白酶在起作用。菠萝蛋白酶对肾炎、高血压、支气管炎也有一定的治疗作用。

厨房妙招

菠萝选择熟透的、黄澄澄的那种，口感更香甜。

⊙菠萝

白菜胡萝卜沙拉

【原材料】大白菜1/4棵，胡萝卜1根，香菜适量。

【调味料】香油1大匙，醋1大匙，糖1小匙，盐适量。

【做法】1．大白菜剥开洗净，放入滚水汆烫，沥干后切成细丝；胡萝卜切丝。

2．白菜丝和胡萝卜丝入滚水中烫熟，捞起沥干。

3．香菜切细末备用。

4．将大白菜、胡萝卜丝和所有的调味料倒入碗中，混合均匀即可。

5．盛盘后撒上香菜末。

功/能/解/析/

大白菜营养丰富，含蛋白质、膳食纤维及多种人体必需的矿物质和微量元素。其膳食纤维有利于胃肠的蠕动，促进体内毒素垃圾的排出，有消除便秘、保护肝脏之效，特别是暑天食用，能生津解渴。

⊙胡萝卜

⊙大白菜

厨房妙招

黑木耳是凉拌百搭菜，烫熟烫软的黑木耳可以与胡萝卜、白菜一同凉拌，也会是一道很好吃的菜。

芹菜炝猪肝

⊙芹菜

【原材料】芹菜2根，猪肝200克，葱2
根，姜适量。

【调味料】A：酱油2大匙，淀粉1大匙。

B：盐适量，糖1小匙。

【做法】1．姜去皮，葱洗净，均切
末；芹菜洗净切段。

2．猪肝泡水30分钟后捞出切
片，再加调味料A腌5分钟。

3．猪肝以大火炒至变色，盛
起。

4．油锅烧热，加芹菜略炒一
下。

5．将猪肝回锅，并加调味料
B炒匀即可。

⊙猪肝

功/能/解/析/

芹菜营养丰富，含有蛋白质、各种维生素和
矿物质，及大量的粗纤维，具有健胃通便、
消炎、降压、消热止咳的功效。另外，常食
芹菜可抵消烟草中部分有毒物质对肺的损
害，预防肺癌，吸烟者可以多吃。

厨房妙招

猪肝不要炒得时间过长，炒至变色坚
挺即可，然后再和其他配菜一起混炒，这
样炒出的猪肝一定会嫩滑，口感很好。

豆芽爆炒冬菇

⊙冬菇

⊙豆芽

【原材料】小冬菇10朵，姜片3片，豆芽适量。

【调味料】A：盐适量，高汤2大匙。

B：高汤1碗，酱油1大匙，糖适量，胡椒粉少许，水淀粉、香油各1小匙。

【做法】1．起锅热油，倒入豆芽及调味料A，大火快速翻炒均匀即可起锅放盘上。

2．洗锅后热油，先放入姜片、冬菇爆香，再加入调味料B，小火焖烧（加盖）约5
分钟至汤汁略干。

3．再加入水淀粉勾芡及淋上香油，起锅铺于豆芽盘上即可上桌。

功/能/解/析/

豆芽中含有较为丰富的纤维素，可以防止便秘，有
清肠作用。在豆芽的嫩叶中富含维生素C和能分解体
内亚硝胺的酶，可以分解亚硝胺，具有抗癌防癌的
作用。经常食用豆芽有利于身体健康。

厨房妙招

爆炒属于快手菜，准备
一碗调料很有必要，提前将
所有调料汁备于碗中，大火
爆炒时就不会手忙脚乱了。

痔疮

　　痔疮是肛门直肠底部及肛门黏膜的静脉丛发生曲张而形成的一个或多个柔软的静脉团。诱发痔疮的原因很多，但最为突出的就是每次排便时间较长。超过3分钟的蹲厕时间，就可能导致痔疮的形成，轻重也由时间长短决定。所以，养成按时排便的习惯非常重要。

痔疮的饮食调理

　　1．增加含纤维高的食物。高纤维素的食品，适合便秘或痔疮患者食用，有利于大便通畅。如：竹笋、甜菜、卷心菜、胡萝卜、绿豆、韭菜、芹菜、茭白、豌豆苗、马铃薯、未经加工的谷类、粗粮、麦麸面包、黑绿叶蔬菜、油菜、荷兰豆、莴苣等。

　　2．宜适当选择滋补性食品，如桂圆、红枣、莲子、百合、牛奶、芝麻、蜂蜜、核桃等。

　　3．纠正不良饮食习惯。长期饮酒不但对肝脏有损害，而且也会导致痔疮的形成，痔疮患者应戒酒，同时避免辛辣刺激性的食物。

　　4．宜摄取具有润肠作用的食物，如：梨、香蕉、菠菜、蜂蜜、芝麻油及其他植物油、动物油。

　　5．宜选用性味偏凉的食物，如：黄瓜、苦瓜、冬瓜、西瓜、藕、笋、芹菜、菠菜、莴苣、茭白、空心菜、茄子、丝瓜、蘑菇、鸭蛋、鸭肉等，以免痔疮加重而导致便血。

　　6．痔疮患者应当多吃茄子、香蕉、柿饼、海参、无花果、香菜、木耳、马齿苋等，对防治内痔出血有好处。

TIPS:

　　痔疮出血期间，一些刺激性的食物如白酒、黄酒、辣椒、胡椒、生姜、八角、蒜、葱等容易刺激直肠肛门部的黏膜皮肤，加重出血，应当忌口。

冬瓜百合蛤蜊汤

原材料

蛤蜊150克，冬瓜100克，鲜百合50克，枸杞少许，生姜1块，葱1根。

调味料

清汤适量，盐、鸡精各适量，料酒、胡椒粉各少许。

做法

1. 鲜百合洗净；蛤蜊洗净；冬瓜洗净去皮切条；生姜洗净去皮切片；葱洗净切段。

2. 瓦煲加入清汤，大火烧开后，放入蛤蜊、枸杞、冬瓜、生姜、料酒，加盖，改小火煲40分钟。

3. 加入百合，调入盐、鸡精、胡椒粉，继续用小火煲30分钟后，撒上葱段即成。

功/能/解/析/

蛤蜊，性寒，味咸。《本草求原》中有："蛤蜊治五痔。"蛤蜊肉能润五脏，软坚散肿。痔疮患者宜经常煮食蛤蜊肉。

厨房妙招

蛤蜊煮到开口就代表熟了，此时要准备关火，如果煮太久蛤蜊肉会煮老，影响口感，也影响汤的鲜美度。

丝瓜泥鳅汤

⊙丝瓜

【原材料】泥鳅200克，丝瓜1根，鲜香菇5朵，胡萝卜少许，生

【调味料】姜1块。

【做法】　盐适量，料酒1小匙。

1．泥鳅宰洗干净；丝瓜去皮削块；胡萝卜洗净切片；香菇洗净，去蒂切片；生姜洗净切片。

2．起锅热油，爆香姜片，放入泥鳅煎至金黄，烹入料酒。

3．加适量开水，煮10分钟后，加入丝瓜、香菇、胡萝卜再滚片刻，调入盐即成。

⊙香菇

功/能/解/析/

泥鳅补中气，祛湿邪，既营养，又疗痔，久痔体虚、气虚脱肛者宜常食之。民间用泥鳅丝瓜煮汤食用，能治疗痔疮脱垂，起到"调中收痔"的效果。

⊙泥鳅

厨房妙招

泥鳅买回家后可以先养2~3天，每天换一次水，这样可以清走泥鳅里的沙质，吃起来口感更好。

茼蒿腰花汤

【原材料】猕猴桃2个，鱼半条，红枣10个，姜1小块。

【调味料】盐少许。

【做法】

1．鱼去鳞、去鳃洗净；猕猴桃洗净去皮，切成块；姜去皮洗净切成片；红枣洗净去核。

2．起锅热油，爆香姜，放入鱼煎至微黄色。

3．锅内加入适量清水，用大火煮开。

4．加入全部材料，改用中火继续煲1.5小时左右，加入盐调味即成。

⊙猕猴桃

⊙红枣

⊙鱼

功/能/解/析/

猕猴桃含有优良的膳食纤维和丰富的抗氧化物质，能够起到清热降火、润燥通便的作用，可以有效地预防和治疗便秘和痔疮。

厨房妙招

猕猴桃果入汤可以用稍硬一些的，熟了的猕猴桃通体都很软，不好去皮也不好切。如果猕猴桃只有一个部位软，那么很可能已经坏了，不宜食用。

酸菜大肠汤

【原材料】猪大肠300克，酸菜芯4片，香菜少许，姜1块。

【调味料】高汤适量，料酒1大匙，盐适量，胡椒粉少许。

【做法】 1. 猪大肠氽烫后洗净，加料酒和姜，以清水煮45分钟使其熟软，捞出后切小段。

2. 酸菜芯洗净切丝；姜洗净切丝；香菜洗净切末备用。

3. 起锅，放入高汤，加酸菜丝和姜丝，煮沸后加入大肠。

4. 煮10分钟即加盐调味，待大肠熟烂时，撒胡椒粉，加香菜末即成。

功/能/解/析/

这道菜适宜痔疮出血脱肛者食用。治疗痔疮的药方，也常用到猪大肠。动物大肠中有一种特异蛋白质对于痔疮有止血、止痛、消肿的作用，所以内痔出血的病人可以多食用熟大肠。

⊙酸菜

厨房妙招

猪大肠与酸菜很配，大肠肥腻，酸菜开胃，这两者也可以搭配一起炒菜。

⊙猪大肠

韭菜豆干粥

【原材料】豆腐干250克，韭菜50克，青椒、红椒各2个。

【调味料】盐、鸡精各少许，水淀粉适量。

【做法】 1. 将豆腐干、青椒、红椒均洗净切丝；韭菜洗净切段。

2. 起锅热油，放入豆腐干、青椒丝、红椒丝和韭菜翻炒均匀，放盐翻拌，炒至入味熟透。

3. 放鸡精，略加水淀粉勾芡即成。

⊙韭菜

⊙豆腐干

功/能/解/析/

韭菜有行气、散血的作用，韭菜里含粗纤维较多，而且比较坚韧，不易被胃肠消化吸收，能增加大便体积，促进大肠蠕动，防止大便秘结，故对痔疮便秘者有益。

厨房妙招

稍硬的豆腐干不易炒入味，可以先入油锅小火煎至微黄，加调味品烧制一下，使豆干入味，之后再加入其他配菜翻炒，熟后出锅就可以了。

功/能/解/析/

该菜补虚损，除风湿，强筋骨，对体虚乏力、风寒湿痹、痔疮等患者尤为适宜。

厨房妙招

鳝鱼比较腥，去除异味的方法：一是加入姜蒜和红椒；二是加入适量的高度白酒。

黄瓜炖鳝鱼

原材料

鳝鱼肉250克，黄瓜1根，料酒20克，蛋清2个。

调味料

姜、盐、水淀粉各少许。

做法

1. 将鳝鱼去刺，洗净，切片，用盐、料酒、蛋清、水淀粉上浆；黄瓜洗净，切片；姜切片。

2. 炒锅上火，放油烧热，放入鳝片划散，放入姜片，稍炒，放入水，黄瓜炖至熟烂，加入盐调味即可。

Appendix

附录一

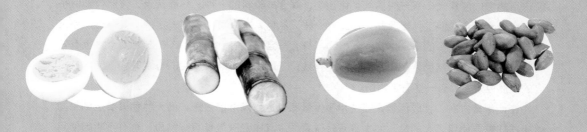

健康饮食常识

健康的饮食能让人有更好的体质，但是还有很多人没有引起足够的重视，下面是一些应该了解的关于健康饮食的常识。

膳食补钙比服用补钙保健品的效果要好

补钙是大家关心的热门话题，有人以为通过服用补钙的保健品，效果又好又快。其实，从平时的膳食中补充钙质是最科学、最安全的途径。

首先，要多吃一些含钙多的食物，比如牛奶，不但含钙多，而且吸收率也高。其他如蛋黄、豆类、豆制品、芝麻酱、山楂、海带、虾皮、榛仁、西瓜子、南瓜子等都含有较多的钙质。绿叶蔬菜含钙也不少，日常吃的雪里蕻、榨菜也富含钙质。

其次，可以通过改善食物的加工烹制方法来提高钙质的供给，比如用石膏点的豆腐（嫩豆腐）就比卤水点的豆腐（老豆腐）钙质含量多；又如小虾、小鱼裹上面粉炸酥，连皮带骨一起吃，也可以获得较多的钙质。此外，做菜加醋也有助于食物中钙质的溶解和吸收，如加醋做成的酥鱼、糖醋海带等。

天然色素不一定比合成色素安全

天然色素来源较多，如从动植物中提取、从微生物发酵制成或来自天然矿石原料等。目前使用的合成色素大多是一些偶氮类化合物，属合成染料的一种。一般认为，天然色素似乎比合成色素安全，但实际情况并非如此。一些天然色素本身可能也有一定的不安全性，如天然矿石中可能含较多的重金属，部分植物本身有一定毒性等。同时加工工艺对安全性也有较大影响，如提取天然色素使用的溶剂可能有残留，微生物发酵时产生的毒素等均可使本身安全的天然色素中混有一些有害物质。

在使用量方面，合成色素只要使用极少量即可达到满意的效果，而天然色素要达到相同效果往往需要使用较大的量，如本身有轻微毒性或其中混有微量有害物质，也有可能因使用量较大而对人体健康产生不良影响。所以，不论是天然色素还是合成色素都要严格按规定使用才安全。

面粉以本色为最佳

现在很多不法商贩为了谋求利益，往往在面粉中添加增白剂，严重地危害了消费者的身体健康，如何判断面粉和面制品中是否添加了增白剂呢？

一是看色泽：未用增白剂加工的面粉和面制品呈乳白色或微黄本色，而用增白剂加工的面粉及其制品呈雪白或惨白色。

二是闻气味：未用增白剂加工的面粉有一种面粉固有的清香气味，而用增白剂加工过的面粉淡而无味，或带有少许化学药品的味道。

吃本色的面粉，才能保证不损害身体健康。

腌腊制品不要放冷冻室内储存

按照常识，人们认为食品，尤其是荤腥食品，都应放在低温条件下储存，而且温度越低越好，但这对于腌腊制品却是例外。

食品中的水分在0℃以下时会冻结成小冰晶。咸肉、咸鱼、火腿、腊肉等腌腊制品都含较多的盐和脂肪，小冰晶在盐存在的情况下会促使食品中的脂肪加快氧化，导致腌腊制品更快酸败变质，不但口味变差、营养价值降低，还会产生更多的对人体有害的物质。

储存腌腊制品，既不能放在高温处、阳光下，也不能放在可使水结冰的温度条件下。长期观察和实验证明，腌腊制品可以放在阴凉通风的地方，最适宜的温度是3～8℃，最好不要超过10℃，这样可延长腌腊制品的保质期。

酱油颜色深，不代表营养好

人们习惯地认为酱油的颜色越红、越深，质量越好，营养价值越高，其实这是一种误解。酱油的颜色是由所含的色素决定的。

酱油中的糖类物质同蛋白质中的氨基酸经化学反应后可聚合生成一种黑色素，这种色素可使酱油呈现浅棕黑色。在酱油生产过程中再加入一定量的焦糖，酱油的颜色就大大加深了。酱油在烹调过程中起着使菜肴着色和调味的双重作用。

为了照顾消费者的习惯，现在多采用高温发酵工艺来加深酱油的颜色。这种工艺虽然能获得深红色的效果，但酱油中所含的糖类物质和氨基酸大大减少。据测定，糖类约损失12％，氨基酸含量下降20％，鲜味亦明显降低（鲜味主要来自氨基酸），既影响了风味，又降低了营养价值，同时还不利于长期保存。

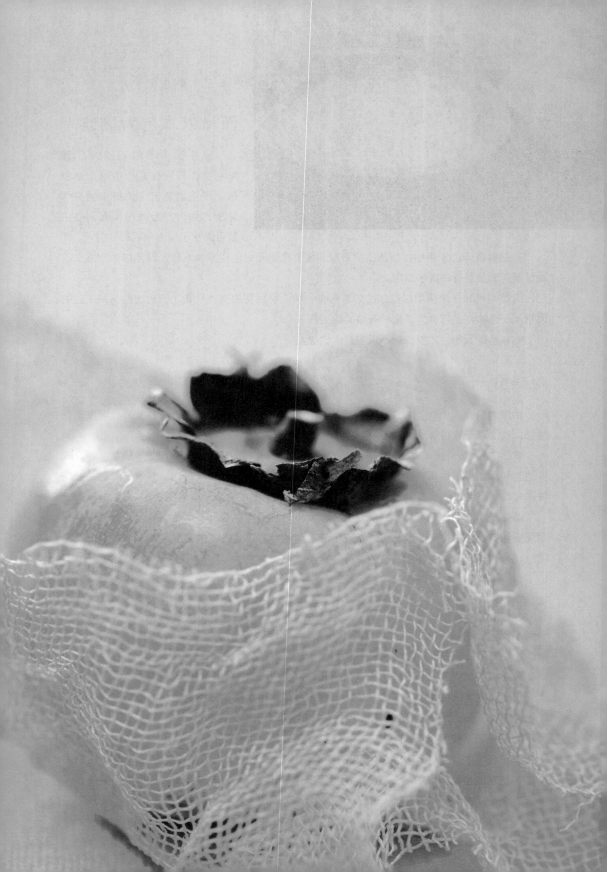

Appendix

附录二

五种令人越吃越愉悦的食物因子

　　很早以前，就有人注意到了食物可以影响人的心情，许多食物中的自然化学物质，能够改变我们感知世界的方式。食物通过改变脑细胞的活动方式，影响神经传送的功能，让其他影响心情的化学物质得以进入你的脑细胞，为你制造出健康愉悦的情绪。

　　美国心理学家辛西娅·博尔的研究证明：食物能给人带来好心情的原因是人体中一种被称为血清素的物质有助于镇定情绪、解除焦虑，而有的食物可以促进血清素的分泌，从而给人带来快乐的情绪。

5-羟色胺

5-羟色胺又名血清素，是一种抑制性神经递质，在大脑皮层质及神经突触内含量很高，主要分布于松果体和下丘脑，可参与痛觉、睡眠和体温等生理功能的调节。5-羟色胺被称为令我们"满意"的大脑成分，当我们身体内的5-羟色胺水平高时，我们会感觉良好、心情愉快。

鸡肉、松软干酪、雉鸡和鹌鹑是特别好的5-羟色胺来源。

杞子炖鹌鹑

原材料

活鹌鹑2只，枸杞子5克，山药5克。

调味料

料酒1勺，小葱1棵，生姜1块，盐、味精少许。

做法

1. 鹌鹑宰杀洗净，剁去头和爪，身体分成4块，放清水里浸泡半小时。

2. 鹌鹑去血水，装入砂锅里，加盐、味精、料酒、葱、姜、山药、枸杞子和适量清水，放蒸笼里蒸45分钟左右。

3. 待鹌鹑肉炖至酥烂，拣去葱、姜，原锅上桌。

⊙枸杞

鸡肉炒西蓝花

原材料

西蓝花、鸡肉各150克。

调味料

葱花、色拉油、料酒、味精、湿淀粉、酱油、精盐各适量。

做法

1. 把鸡肉洗净，切成薄片。把西蓝花洗净，掰成小块。

2. 炒锅上火，加入色拉油烧热，下葱花炝锅，放入鸡肉炒散，烹入料酒、酱油，加入西蓝花、精盐；炒熟，加味精，下湿淀粉勾芡，炒匀即成。

色氨酸

色氨酸是人体中一种重要的氨基酸，它被人体吸收后，能合成神经介质5-羟色胺，就像身体里的"信使"，有效发挥调节作用，使心情变得平静、愉快。

色氨酸必须依靠食物补充，鱼肉、鸡肉、蛋类、奶酪、燕麦、香蕉、豆类及其制品等食物中都含有较多的色氨酸。这些食物最好与糖类含量多的食物如蔬菜、水果、米、面等一起食用，以利于色氨酸的消化、吸收和利用。

燕麦银鳕鱼

原材料

银鳕鱼200克，燕麦片100克，小西红柿2个，鸡蛋1个，面粉50克，芹菜少许。

调味料

沙拉酱1大匙，芥末酱1大匙，柠檬汁1小匙，盐、鸡精各适量。

做法

1．鳕鱼洗净；小西红柿洗净，切成小块；芹菜洗净；鸡蛋磕破，打散。

2．将盐、鸡精、柠檬汁搅拌均匀，放入面粉、鸡蛋液、燕麦片拌匀调成汁，将调好的料汁在鳕鱼上涂匀。

3．锅内放入适量油，待油烧至三成热，放入鳕鱼排，炸至熟，装盘。

4．将沙拉酱和芥末酱拌匀，浇在鳕鱼排上，将小西红柿和芹菜放在菜盘两头装饰即可。

丝瓜炒蛋

原材料

丝瓜2根，鸡蛋3个。

调味料

盐适量。

做法

1. 丝瓜去皮切滚刀片，将鸡蛋打入碗中，加盐，用筷子充分搅打均匀备用。

2. 锅中烧水，水开倒入丝瓜焯水。

3. 丝瓜捞出后，要用冷水冲凉一下。

4. 锅里放3小匙油烧热，将鸡蛋放入锅中炒熟后加入丝瓜，翻炒片刻，加入盐调味，盛出即可。

维生素C

维生素C是一种水溶性维生素，它是为我们的身体制造多巴胺、肾上腺素这些愉悦因子的重要成分；肾上腺髓质所分泌的肾上腺素和去甲肾上腺素是由酪氨酸转化而来，在此过程需要维生素C的参与，它可以增强肌体对外界环境的抗应激能力。

维生素C的来源有樱桃、番石榴、辣椒、柿子、青花菜、草莓、橘子、猕猴桃等。

西红柿菜花

原材料

菜花300克，西红柿2个。

调味料

蒜末、盐、味精各适量。

做法

1．菜花用流水冲洗干净，掰成小朵；西红柿洗净切块。

2．锅内烧开水，把菜花放开水中烫2分钟，捞出控干。

3．起油锅，油热后放入蒜末爆香，放入西红柿翻炒。

4．西红柿软烂后加入菜花，大火翻炒2分钟。

5．加适量盐和味精调味，出锅即可。

猕猴桃炒肉丝

原材料

瘦肉300克，猕猴桃1个，鸡蛋1个。

调味料

料酒1大匙，水淀粉1大匙，高汤半碗，盐、白糖、胡椒粉各适量。

做法

1. 瘦肉洗净，切成丝；猕猴桃洗净去皮，切成丝；鸡蛋磕破一个小孔，倒蛋清至碗中，打散至起泡。

2. 取一个空碗，放入切好的瘦肉，调入盐、料酒、蛋清、水淀粉，上浆待用。

3. 另取一碗，放入盐、料酒、白糖、胡椒粉、高汤、水淀粉，兑成芡汁待用。

4. 锅内放入适量的植物油，烧热，下入瘦肉丝，炒散，放入猕猴桃丝，略炒匀，倒入兑好的芡汁，收汁即可。

叶酸

　　叶酸是一种水溶性B族维生素，它可以缓解神经紧张、焦虑等。国内外研究人员发现，普通人长期适量摄取叶酸可以保持精力充沛、心情愉悦。

　　叶酸的主要来源有绿色蔬菜、动物的肝脏、肾脏、禽肉及蛋类、豆类、坚果等，典型食材有莴苣、菠菜、猪肝、鸡肉、豆腐、核桃、糙米等。

蚕豆冬瓜汤

原材料

　　鲜蚕豆200克，冬瓜200克，豆腐100克。

调味料

　　盐、香油各适量。

做法

1. 鲜蚕豆洗净；冬瓜洗净去皮切块；豆腐切小块。
2. 锅中倒入少许底油，先倒入冬瓜块翻炒，随后倒入蚕豆和豆腐块，倒入清水没过菜。
3. 水煮开后，再煮2分钟即可关火。
4. 调入适量盐和香油出锅即可。

胡萝卜炒猪肝

原材料

猪肝250克、胡萝卜1根，姜1片。

调味料

料酒1小匙，淀粉1小匙，盐适量。

做法

1. 猪肝洗净，切成薄片；胡萝卜洗净，切成薄片；姜洗净，切成末。
2. 取一个大碗，放入猪肝片，调入盐、料酒、姜末、淀粉，搅拌均匀，腌制备用。
3. 锅内放入适量油，烧至七成热，倒入胡萝卜片，煸炒片刻，倒入腌好的猪肝片，翻炒至变色，炒熟即可。

内啡肽

内啡肽是一种氨基化合物，当机体有伤痛刺激时，在内啡肽的激发下，人的身心会处于轻松愉悦的状态中，免疫系统实力得以强化，并能帮助顺利入梦，消除失眠症。内啡肽也被称之为"快感荷尔蒙"，意味着这种荷尔蒙可以帮助人们保持年轻快乐的状态。

含内啡肽的食物有巧克力、大枣、面条、薏仁粥、辣椒等。

红枣樱桃粥

原材料

红枣50克，花生仁30克，樱桃50克，粳米半杯。

调味料

红糖适量。

做法

1．红枣洗净，用清水浸泡20分钟，捞出控净水；花生仁洗净，用清水浸泡20分钟，捞出控净水；樱桃洗净，去核；粳米淘洗干净。

2．锅内放入适量清水，放入粳米、樱桃、红枣、花生仁，煮至粥浓稠。

3．调入红糖即可。

⊙红枣

辣椒炒肉丝

原材料

瘦猪肉400克，水发木耳50克，青辣椒2个，红辣椒3个，胡萝卜半根，葱花、芝麻各少许。

调味料

面豉酱1小匙，盐、糖、水淀粉各适量。

做法

1. 把木耳、辣椒、胡萝卜洗净切丝。

2. 把猪肉逆纹切成肉丝，加入面豉酱、盐、糖、水淀粉腌制10分钟。

3. 将腌制后的肉猛火下油锅爆至三成熟，加入辣椒丝、木耳丝、胡萝卜丝翻炒。

4. 炒熟后加入水淀粉勾芡。

5. 最后撒入葱花、芝麻即可。